Balakrishnan Manikiam

Alterações climáticas - Monitorização e gestão - Papel dos satélites

AF625269

Balakrishnan Manikiam

Alterações climáticas - Monitorização e gestão - Papel dos satélites

ScienciaScripts

Imprint
Any brand names and product names mentioned in this book are subject to trademark, brand or patent protection and are trademarks or registered trademarks of their respective holders. The use of brand names, product names, common names, trade names, product descriptions etc. even without a particular marking in this work is in no way to be construed to mean that such names may be regarded as unrestricted in respect of trademark and brand protection legislation and could thus be used by anyone.

Cover image: www.ingimage.com

This book is a translation from the original published under ISBN 978-620-2-31695-8.

Publisher:
Sciencia Scripts
is a trademark of
Dodo Books Indian Ocean Ltd. and OmniScriptum S.R.L publishing group

120 High Road, East Finchley, London, N2 9ED, United Kingdom
Str. Armeneasca 28/1, office 1, Chisinau MD-2012, Republic of Moldova, Europe
Printed at: see last page
ISBN: 978-620-7-97698-0

Copyright © Balakrishnan Manikiam
Copyright © 2024 Dodo Books Indian Ocean Ltd. and OmniScriptum S.R.L publishing group

Índice

CAPÍTULO 1

1. Tempo e clima

A meteorologia é definida como o estado da atmosfera num determinado momento. Os principais parâmetros que descrevem o estado da atmosfera são a temperatura, a humidade, o vento e a pressão. As condições meteorológicas que experimentamos, como o frio, a humidade, a seca, o calor, o abafamento, etc., são o resultado destes parâmetros. São o resultado destes parâmetros. Com base nestes parâmetros e na sua distribuição espacial e temporal, os sistemas meteorológicos são formados devido à hidrodinâmica básica do fluxo de fluidos e à termodinâmica dos gases.

A **atmosfera** é uma camada de gases que envolve a Terra e que é mantida pela força gravitacional. A atmosfera é composta por vários gases, como se segue:

Azoto - 78%

Oxigénio - 21%

Árgon -0,93%

Dióxido de carbono - 0,03%

Néon - 0,0018%

Hélio - 0,0005%

Ozono - 0,0006%

Hidrogénio - 0,00005%

A atmosfera é constituída por cinco camadas distintas, nomeadamente :

(a) Troposfera

(b) Estratosfera

(c) Mesosfera

(d) Termosfera

(e) Exosfera

A primeira camada da atmosfera estende-se a uma altura de cerca de 8 km no equador e 8 km nos pólos. A temperatura diminui com a altura nesta camada devido à diminuição da densidade do ar com a altura. Esta camada contém quase 90% dos gases presentes na atmosfera. Uma vez que as nuvens se formam a partir do vapor de água disponível nesta camada, esta é designada por troposfera ("tropo" significa "mudança"). No topo, existe uma camada em que a temperatura se mantém estável, com cerca de -58 graus Celsius, designada por tropopausa.

A segunda camada da atmosfera, denominada estratosfera, estende-se desde a tropopausa até cerca de 50 km. Nesta camada, a temperatura aumenta devido à absorção das radiações ultravioletas pelo ozono presente nesta camada. A temperatura aumenta lentamente até aos 4 graus Celsius.

A Mesosfera estende-se acima da Estratosfera até uma altura de 80 km com a temperatura a diminuir até -90 graus Celsius. A camada seguinte é a Termosfera, que se estende até cerca de 640 km, com um aumento constante da temperatura devido à absorção dos raios X e da radiação ultravioleta do Sol pelas moléculas de gás. As moléculas de gás eletricamente carregadas da termosfera reflectem as ondas de rádio, permitindo a comunicação a longa distância.

A camada final da exosfera estende-se para além da termosfera até 960 km e funde-se gradualmente com o espaço interplanetário. A temperatura aumenta de cerca de 300 graus Celsius para 1650 graus Celsius.

(f) Parâmetros meteorológicos e observações

Os parâmetros meteorológicos são uma medida das condições atmosféricas num determinado momento. Os parâmetros são a temperatura, a humidade, a velocidade e a direção do vento, a pressão, a radiação, para além da cobertura de nuvens e da precipitação. Estes parâmetros são medidos a intervalos regulares de tempo de 00 GMT, 03 GMT, 06 GMT, 09 GMT, 12 GMT, 15 GMT, 18 GMT (GMT = IST + 0530 hrs) em todo o mundo, tal como decidido pela Organização Meteorológica Mundial.

As estações meteorológicas situadas em diferentes locais e as estações meteorológicas automáticas registam estes parâmetros meteorológicos utilizando sensores precisos qualificados pela OMM para manter conjuntos de dados normalizados. Os balões de radiossonda são utilizados para registar perfis de temperatura, humidade e ventos até alturas de 30 km. Os radares meteorológicos que operam em comprimentos de onda de 3 cm e 10 cm são utilizados para monitorizar a cobertura de nuvens e as informações sobre o conteúdo de água/chuva. Utilizando o radar meteorológico Doppler, medem-se as condições do vento na atmosfera. Com o desenvolvimento e o lançamento de satélites, estão disponíveis dados sobre grandes áreas numa base repetitiva.

Alguns pormenores básicos dos satélites meteorológicos indianos são apresentados no quadro 1 abaixo.

Quadro 1: Parâmetros meteorológicos disponíveis a partir dos dados do satélite INSAT

Satellite	Sensors	Operations	Parameters
.INSAT- 1	Visible & TIR 5 kms	Continuous	Clouds, CMVs (2 level), SST, QPE OLR
INSAT -2	Visible, TIR, WV & CCD 2 kms	Continuous	Clouds, CMVs (3 levels), SST , WV image, QPE, OLR
INSAT-3	Visible, TIR, WV & Sounder, CCD 1 km	Continuous	Clouds, WV image, SST, OLR, vertical profiles
METSAT	Visible/thermal, water vapour 1 km	Continuous	Clouds, CMV, SST, Rainfall, OLR
INSAT-3D	VHRR, Sounder 18 channels 1 km	continuous	Weather systems, cyclones, temp./humidity profiles, SST

Outra fonte de dados meteorológicos são os navios meteorológicos que registam e transmitem informações sobre os elementos meteorológicos nos mares e oceanos.

(g) Factores que afectam o clima

O tempo num determinado local é determinado por vários factores, tais como a latitude, a longitude, a altura, a topografia, a proximidade do oceano, etc. O efeito dos vários factores é apresentado a seguir:

Latitude - A temperatura geralmente diminui com o aumento da latitude e os locais em latitudes baixas têm temperaturas mais elevadas, uma vez que recebem raios solares verticais que conduzem a uma maior insolação.

Efeito dos oceanos **-** O aquecimento e arrefecimento mais rápido da terra em comparação com os oceanos leva ao fluxo de ventos de e para a terra, moderando as condições de verão e inverno. Esta influência moderadora é designada por influência marítima e está confinada às zonas costeiras. A amplitude térmica anual nas regiões costeiras é, por conseguinte, menor do que nas regiões interiores.

Altitude - A atmosfera é aquecida principalmente pela radiação de ondas longas (energia térmica) proveniente da superfície terrestre e, por conseguinte, as altitudes mais elevadas registam uma temperatura do ar mais baixa. A taxa de queda da temperatura com a altura é de cerca de 6,5°C por quilómetro.

Efeito continental - As regiões do interior com bloqueio de terras têm Verões mais quentes e Invernos mais frios do que as regiões costeiras.

Cobertura de nuvens - O efeito de cobertura das nuvens produz pequenas variações diurnas e anuais de temperatura. As nuvens impedem que a radiação solar chegue à superfície da Terra. A densa cobertura de nuvens nas regiões equatoriais/tropicais resulta, assim, em temperaturas diurnas mais baixas e temperaturas nocturnas moderadas. A ausência de nuvens em regiões desérticas como o Sara provoca temperaturas elevadas durante o dia e temperaturas mais baixas durante a noite devido ao arrefecimento por radiação.

(h) Classificação climática

O clima de uma região é o efeito médio do tempo ao longo das diferentes estações. Os vários países e regiões registam condições climáticas diversas, que foram classificadas de acordo com o **Sistema de Classificação Climática de Koppen.** As médias anuais e mensais de temperatura e precipitação são utilizadas para classificar os climas em todo o mundo. Existem cinco tipos climáticos principais, designados por uma letra maiúscula, a saber

A - Climas Tropicais Húmidos: todos os meses têm temperaturas médias superiores a 18° Celsius.

B - Climas Secos: com precipitação deficiente durante a maior parte do ano.

C - Climas húmidos de latitude média com Invernos suaves.

D - Climas húmidos de latitude média com Invernos frios.

E - Climas polares: com Invernos e Verões extremamente frios.

Climas tropicais húmidos (A)

Os climas tropicais húmidos estendem-se para norte e para sul a partir do equador até cerca de 15 a 25° de latitude. Nestes climas, todos os meses têm temperaturas médias superiores a 18° Celsius. **A precipitação** anual é superior a 1500 mm. Muitos países das regiões equatoriais registam este regime climático.

Climas secos (B)

A caraterística climática mais óbvia deste clima é o facto de a evaporação potencial e a transpiração excederem a precipitação. Estes climas estendem-se de 20 a 35° a norte e a sul do equador e em grandes regiões continentais das latitudes médias, frequentemente rodeadas por montanhas.

Climas subtropicais húmidos de latitude média (C)

Este clima é caracterizado por Verões quentes e húmidos e Invernos suaves. A região de 30 a 50° de latitude situa-se principalmente nas fronteiras oriental e ocidental da maioria dos continentes. Durante o inverno, o principal sistema meteorológico que ocorre é o **ciclone de latitude média**.

Climas continentais húmidos de latitude média (D)

Os climas continentais húmidos de latitude média têm Verões quentes a frescos e Invernos frios.
A localização destes climas é na região dos pólos, sendo a temperatura média do mês mais quente superior a 10° Celsius, enquanto a do mês mais frio é inferior a -3° Celsius. Os Invernos são afectados por tempestades de neve, ventos fortes e fluxos de ar frio intenso provenientes das regiões polares continentais.

Climas polares (E)

Os climas polares têm temperaturas frias durante todo o ano, sendo o mês mais quente inferior a 10° Celsius. Os climas polares encontram-se nas zonas costeiras do norte da América do Norte, Europa, Ásia e nas massas de terra da Gronelândia e da Antárctida.

CAPÍTULO 2

2. Regimes climáticos indianos

O clima indiano é tipicamente tropical húmido e seco, com períodos húmidos/secos distintos. O padrão sazonal da humidade deve-se à migração da zona de convergência intertropical através do equador. A estação das chuvas ocorre a pleno sol com a presença da zona de convergência. A estação seca é o resultado do ar mais estável da subsidência da zona alta subtropical durante a estação de sol baixo. A estação das chuvas é marcada por frequentes trovoadas e pelo desenvolvimento das monções e pela elevação orográfica.

Seguem-se alguns exemplos (Figs.1 &2) do clima na região da Índia.

Calcutá, Índia 22,5° N , Elevação: 6 m

	Jan.	Feb.	Mar.	Apr.	May	June	July	Aug.	Sept.	Oct.	Nov.	Dec.	Year
Temp. ° C	20	23	28	30	31	30	29	29	30	28	24	21	27
Precip. Mm	13	24	27	43	121	259	301	306	290	160	35	3	1582

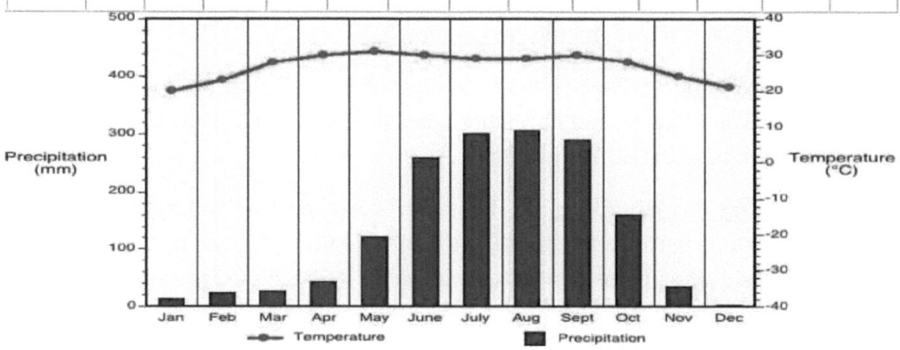

Figura 1: Valores médios mensais de temperatura e precipitação para Calcutá, Índia.

Mangalore, Índia 13° N , Elevação: 22 m

	Jan.	Feb.	Mar.	Apr.	May	June	July	Aug.	Sept.	Oct.	Nov.	Dec.	Year
Temp. ° C	27	27	28	29	29	27	26	26	26	27	27	27	27
Precip. Mm	5	2	9	40	233	982	1059	577	267	206	71	18	3467

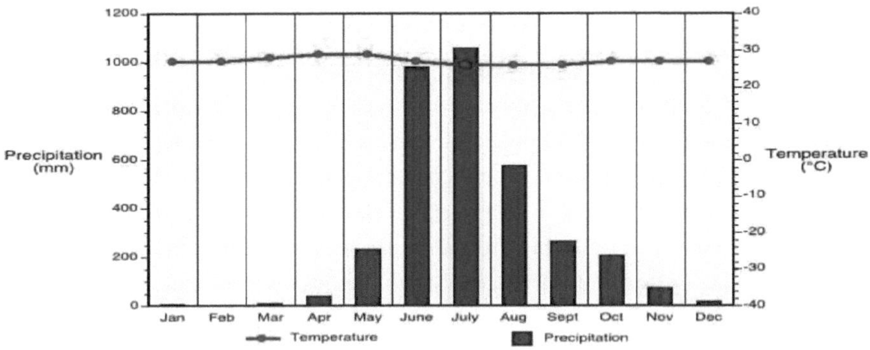

Figura 2: Valores médios mensais de temperatura e precipitação para Mangalore, Índia.

2.1 Factores que afectam o clima da Índia:

I. **Altitude**: A temperatura diminui com a altura. Os locais nas montanhas são mais frescos do que os locais nas planícies.

II. **Distância do mar**: Com uma longa linha costeira, as grandes zonas costeiras têm um clima equitativo. As zonas do interior da Índia estão longe da influência moderadora do mar e registam climas extremos.

III. **Latitude**: A Índia situa-se entre as latitudes 8 o N e 37 o N. O Trópico de Câncer passa pelo meio da Índia, fazendo com que a metade sul da Índia esteja na Zona Tórrida e a metade norte na Zona de Temperatura.

IV. **Montanhas dos Himalaias**: Os Himalaias desempenham um papel importante, actuando como uma barreira contra os ventos frios do norte da Ásia que sopram para a Índia, protegendo-a assim de Invernos muito frios. Além disso, retêm os ventos das monções, obrigando-os a libertar a sua humidade no subcontinente.

V. **Efeitos geográficos** :

i. Perturbações ocidentais: Os sistemas de baixa pressão que se originam na região mediterrânica a leste no inverno e se deslocam para leste em direção à Índia, passando pelo Irão, Afeganistão e Paquistão, são responsáveis pelas chuvas de inverno no norte da Índia.

ii. Condições nas regiões circundantes da Índia: As condições de temperatura e pressão nas zonas terrestres circundantes determinam o fluxo das monções e os períodos de seca ocasionais.

iii. Condições no Oceano: As condições meteorológicas no oceano Índico e no mar da China são responsáveis pelos sistemas ciclónicos que afectam a costa oriental da Índia.

iv. Correntes de jato: As correntes de jato de leste na estação das monções sobre a região peninsular meridional e as correntes de jato de oeste nas latitudes setentrionais na estação do inverno são caraterísticas específicas.

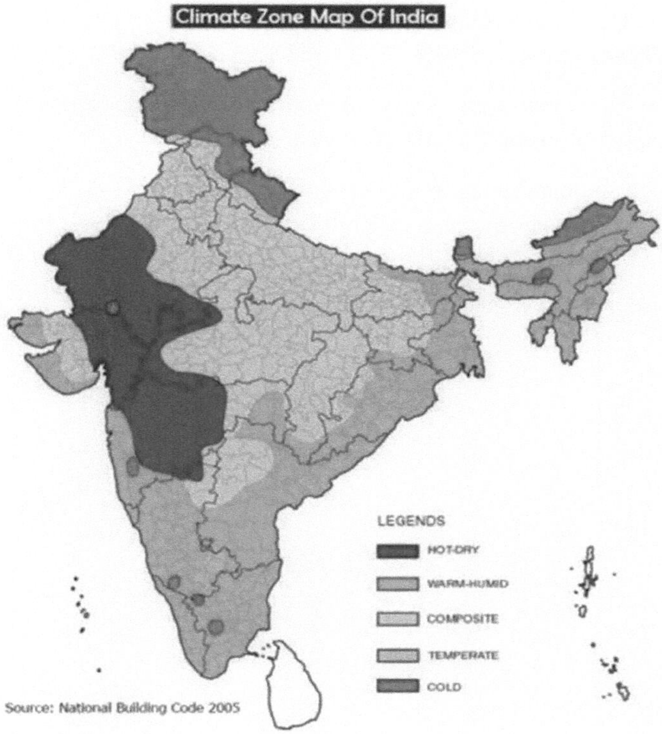

Fig. 3 : Mapa das zonas climáticas da Índia

As principais regiões climáticas da Índia são descritas a seguir:

VI. Floresta tropical húmida que ocorre na planície costeira ocidental e nos Sahyadris e em partes de Assam. As florestas densas e a agricultura de plantação com culturas como o chá, o café e as especiarias constituem a vegetação caraterística da zona.

VII. Savana tropical na maior parte da península, com um longo período de seca que se prolonga durante o inverno e o início do verão, com temperaturas elevadas

VIII. Clima tropical semi-árido de estepe com uma região de sombra de chuva que se estende para sul desde o centro de Maharashtra até Tamil Nadu.

IX. Estepe tropical e subtropical com precipitação anual não só baixa, mas também altamente errática, cobrindo partes do Punjab até Kachchh.

X. Deserto tropical que cobre a parte ocidental dos distritos de Barmer, Jaisalmer e Bikaner do Rajastão e a maior parte da parte de Kachchh

XI. Subtropical húmido com inverno cobrindo a área a sul dos Himalaias, a leste da estepe tropical e subtropical e a norte da savana tropical

XII. Clima de montanha nas cordilheiras dos Himalaias e do Karakoram, com elevada amplitude térmica diurna e variabilidade da precipitação.

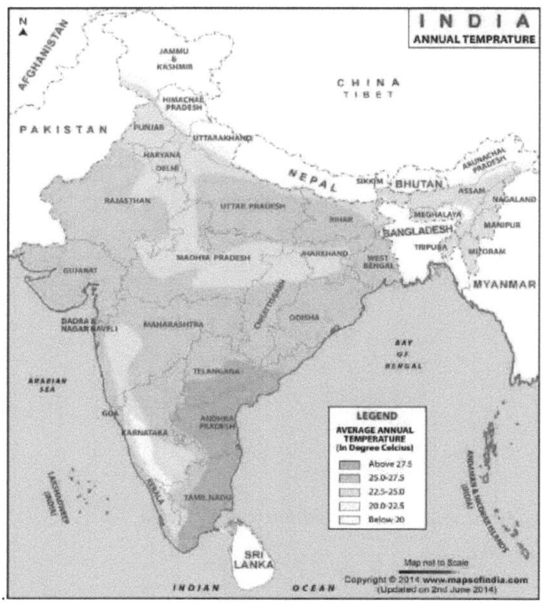

Fig. 4 : Temperatura anual - Índia (Adotado de : Maps of India.com)

2.2 Época das monções

O clima da Índia pode ser descrito como tropical de monção. Esta estação começa em junho e prolonga-se até setembro. A baixa pressão que existia na planície do Norte intensifica-se ainda mais. É suficientemente forte para atrair os ventos que transportam a humidade do Oceano Índico. A caraterística mais marcante da monção é a inversão completa dos ventos ventos. A precipitação é um elemento importante da economia indiana. Embora as monções afectem a maior parte do território indiano, a quantidade de precipitação varia de intensa a escassa em diferentes partes. Existe uma grande variação regional e temporal na distribuição da precipitação. Mais de 80% da precipitação anual é recebida nos quatro meses chuvosos de junho a setembro. A precipitação média anual é de cerca de 125 cm, mas apresenta grandes variações espaciais.

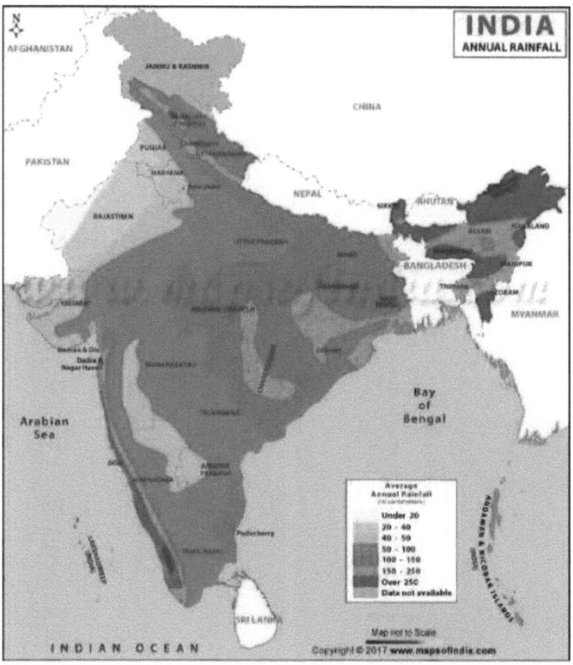

Fig. 5: Precipitação anual sobre a Índia (Adotado de : Maps of India.com)

a. Zonas de precipitação intensa (mais de 200 cm): A precipitação mais elevada ocorre nos custos ocidentais, nos Ghats ocidentais, bem como nas zonas sub-himalaias do Nordeste e nas colinas de Meghalaya. Assam, Bengala Ocidental, costa ocidental e encostas meridionais dos Himalaias orientais.

b. Zonas de precipitação moderadamente forte (100-200 cm) : Esta precipitação ocorre nas partes meridionais de Gujarat, leste de Tamil Nadu, nordeste peninsular, Ghats ocidentais, leste de Maharashtra, Madhya Pradesh, Orissa, no vale médio de Ganga.

c. Zonas de menor pluviosidade (50-100 cm) : Vale superior do Ganges, Rajastão oriental, Punjab, planalto meridional de Karnataka, Andhra Pradesh e Tamil Nadu.

d. Zonas de escassa precipitação (inferior a 50 cm): Parte norte de Caxemira, Rajastão Ocidental, Punjab e Planalto de Deccan.

2.3 Variabilidade da precipitação na Índia

A grande variabilidade na quantidade de precipitação, tanto espacial como temporalmente, e o elevado grau de incerteza relacionado com a data de chegada, etc., não têm explicação. Os meteorologistas têm tentado explicar estes fenómenos a partir de diferentes ângulos relacionados com uma grande variedade de generalizações. A variabilidade anual da precipitação das monções é a seguinte

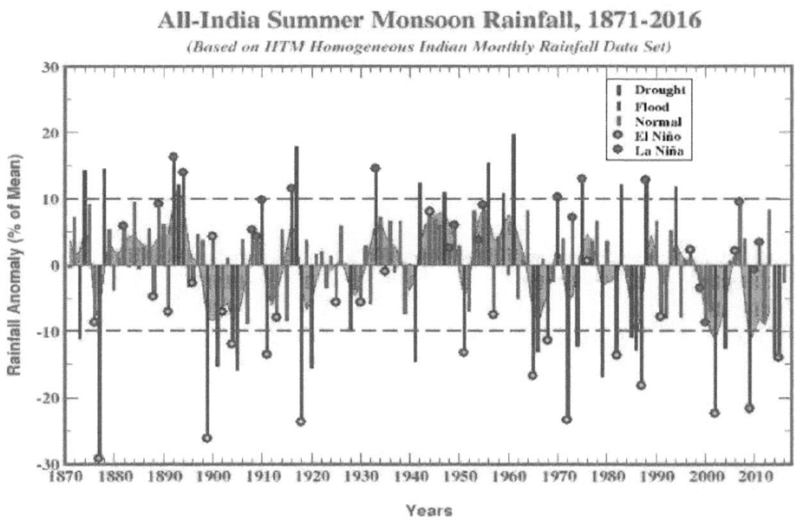

Fig. 6: Variabilidade das monções (Adotado do relatório Monsoon, IITM, Pune 2016)

Há vários factores relacionados com a precipitação das monções que ainda não são compreendidos, tais como (i) o arrefecimento invulgar das temperaturas à superfície do Mar Arábico em 3 a 4 graus antes do início da monção, (ii) a queda da pressão atmosférica no Oceano Índico antes do início da monção e (iii) o impacto do El Nino e do La Nina na precipitação das monções.

CAPÍTULO 3

3. Alterações climáticas - noções básicas

A Convenção-Quadro das Nações Unidas sobre as Alterações Climáticas (CQNUAC) define as Alterações Climáticas como uma mudança nos parâmetros meteorológicos atribuída direta ou indiretamente à atividade humana, alterando a composição da atmosfera global. A atividade humana inclui a poluição resultante da atividade industrial e de outras fontes que produzem gases com efeito de estufa. Estes gases, como o dióxido de carbono, têm a capacidade de absorver o espetro da luz infravermelha e contribuem para o aquecimento da nossa atmosfera. Uma vez produzidos, estes gases podem permanecer retidos na atmosfera durante dezenas ou centenas de anos.

3.1 Causas das alterações climáticas

a) Variações orbitais

Pequenas variações na órbita da Terra conduzem a alterações na distribuição sazonal da luz solar que atinge a superfície da Terra e na forma como esta se distribui pelo globo. A média anual da radiação solar por área é muito pouco alterada, mas pode haver fortes alterações na distribuição geográfica e sazonal. Os três tipos de variações orbitais são as variações na excentricidade da Terra, as alterações no ângulo de inclinação do eixo de rotação da Terra e a precessão do eixo da Terra. Combinadas, estas produzem ciclos de Milankovitch que têm um grande impacto no clima e são notáveis pela sua correlação com períodos glaciares e interglaciares, pela sua correlação com o avanço e recuo do Sara e pelo seu aparecimento no registo estratigráfico.

b) Produção solar

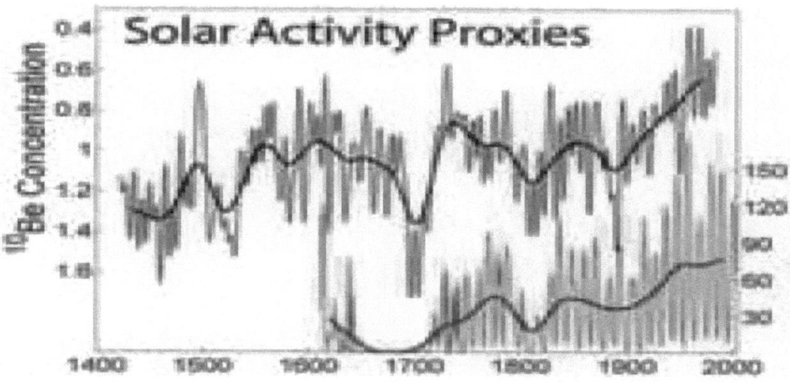

Fig. 7: Variações da atividade solar com base em observações de manchas solares e isótopos de berílio.

O Sol é a fonte predominante de energia da Terra. Outras fontes incluem a energia geotérmica do núcleo da Terra, a energia das marés da Lua e o calor proveniente da decomposição de compostos radioactivos. Sabe-se que as variações da intensidade solar, tanto a longo como a curto prazo, afectam o clima global. A investigação indica que a variabilidade solar teve efeitos, incluindo o mínimo de Maunder, de 1645 a 1715 d.C., parte da Pequena Idade do Gelo, de 1550 a 1850 d.C., que foi marcada por um arrefecimento relativo e uma maior extensão dos glaciares do que nos séculos anteriores e posteriores. Alguns estudos apontam para que o aumento da radiação solar resultante da atividade cíclica das manchas solares afecte o aquecimento global e que o clima possa ser influenciado pela soma de todos os efeitos (variação solar, forçamentos radiativos antropogénicos, etc.).

A produção solar também varia em escalas temporais mais curtas, incluindo o ciclo solar de 11 anos e as modulações a mais longo prazo. Considera-se que as variações da intensidade solar, possivelmente em resultado dos Mínimos de Wolf, Sporer e Maunder, tiveram influência no desencadear da Pequena Idade do Gelo e de parte do aquecimento observado entre 1900 e 1950. A natureza cíclica da produção de energia do Sol ainda não é totalmente compreendida; difere da mudança muito lenta que está a ocorrer no interior do Sol à medida que este envelhece e evolui.

c) Vulcanismo

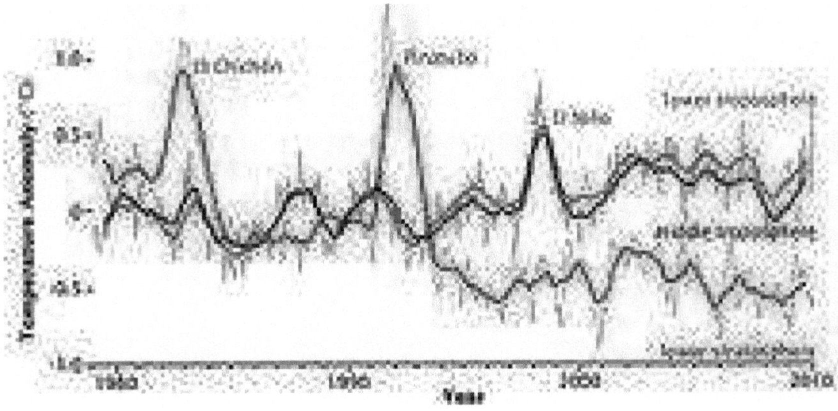

Variação da temperatura atmosférica de 1979 a 2010 devido aos efeitos dos aerossóis libertados pelas grandes erupções vulcânicas.

As erupções consideradas suficientemente grandes para afetar o clima da Terra numa escala superior a um ano são as que injectam mais de 100 000 toneladas de SO2 na estratosfera[Isto deve-se às propriedades ópticas do SO2 e dos aerossóis de sulfato, que absorvem ou dispersam fortemente a radiação solar, criando uma camada global de neblina de ácido sulfúrico. Em média, estas erupções ocorrem várias vezes por século e provocam um arrefecimento (bloqueando parcialmente a transmissão da radiação solar à superfície da Terra) durante um período de alguns anos. Por exemplo, a erupção do Monte Pinatubo em 1991, a segunda maior erupção terrestre do século XX, afectou substancialmente o clima, tendo as temperaturas globais diminuído cerca de 0,5 °C (0,9 °F) durante três anos.

d) Tectónica de placas

Ao longo de milhões de anos, o movimento das placas tectónicas reconfigura as áreas terrestres e oceânicas globais e gera topografia. Isto pode afetar os padrões globais e locais do clima e da circulação atmosfera-oceânica. A dimensão dos continentes também é importante. Devido ao efeito estabilizador dos oceanos na temperatura, as variações anuais de temperatura são geralmente mais baixas nas zonas costeiras do que no interior. Um supercontinente de maiores dimensões terá, por conseguinte, mais áreas em que o clima é fortemente sazonal do que vários continentes ou ilhas mais pequenos. A posição dos continentes determina a geometria dos oceanos e, por conseguinte, influencia os padrões de circulação oceânica. Durante o período Carbonífero, há cerca de 300 a 360 milhões de anos, a tectónica de placas pode ter desencadeado o armazenamento de carbono em grande escala e o aumento da glaciação.

e) Influências humanas

Os vários factores que contribuem para os impactos das alterações climáticas são

- O aumento das emissões para a atmosfera devido à queima de carvão, petróleo e gás produz dióxido de carbono e óxido nitroso.

- O abate de árvores nas florestas conduz à desflorestação. As árvores ajudam a regular o clima, absorvendo o CO_2 da atmosfera. Assim, quando são cortadas, esse efeito benéfico perde-se e o carbono armazenado nas árvores é libertado para a atmosfera, aumentando o efeito de estufa.

- **Aumento da criação de gado** bovino e ovino, que produzem grandes quantidades de metano quando digerem os alimentos.

- **Os adubos que contêm azoto** produzem emissões de óxido nitroso para a atmosfera.

- **Os gases fluorados** produzem um efeito de aquecimento muito forte, até 23 000 vezes superior ao do CO_2 . Felizmente, estes são libertados em quantidades menores e estão a ser gradualmente reduzidos pela regulamentação da UE.

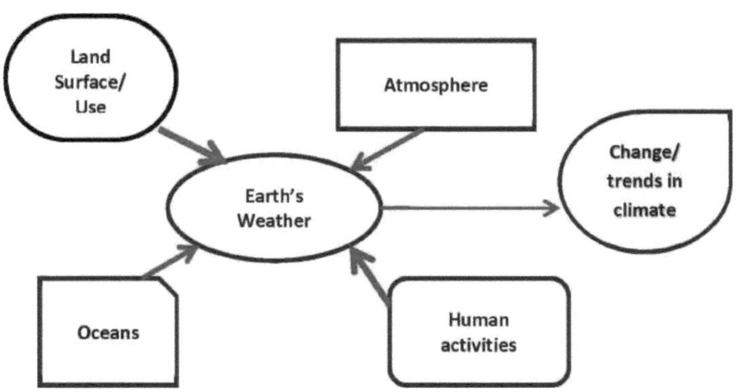

Fig. 7 : Componentes das alterações climáticas

O papel dos gases com efeito de estufa na atmosfera é resumido da seguinte forma:

Dióxido de carbono

A queima de combustíveis fósseis (petróleo, gás natural e carvão), de resíduos sólidos e de árvores produz uma grande quantidade de emissões de dióxido de carbono para a atmosfera. A desflorestação e a degradação dos solos também acrescentam dióxido de carbono à atmosfera. Parte do carbono permanece na atmosfera durante milhares de anos, devido ao lento processo pelo qual o carbono é transferido para os sedimentos oceânicos. Atualmente, as actividades humanas libertam mais de 30 mil milhões de toneladas de CO_2 para a atmosfera todos os anos.

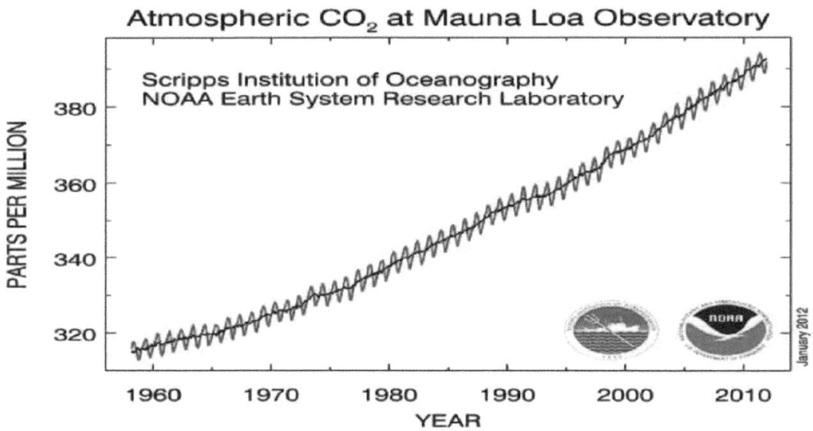

Fig. 8 : Variação anual do CO_2 **(adaptado do relatório da NASA, 2010)**

Óxido nitroso

Emitido durante as actividades agrícolas e industriais, bem como durante a combustão de combustíveis fósseis e de resíduos sólidos. O seu tempo de vida na atmosfera é de 121 anos

Gases fluorados

Os gases hidrofluorocarbonetos, perfluorocarbonetos e hexafluoreto de enxofre emitidos por uma variedade de processos industriais e utilizações comerciais e domésticas têm um longo tempo de vida.

Metano

As emissões de metano devem-se à produção de carvão, gás natural e petróleo, bem como à criação de gado, às práticas agrícolas, à decomposição anaeróbia de resíduos orgânicos, etc., com um tempo de vida médio superior a 12 anos

O termo "efeito de estufa", cunhado em 1827 por Joseph Fourier, um matemático e físico francês, descreve o processo de aquecimento da Terra devido aos gases com efeito de estufa retidos na atmosfera. Os gases com efeito de estufa têm vindo a aumentar na atmosfera devido a várias actividades humanas. As contribuições relativas dos gases com efeito de estufa para o aquecimento global são as seguintes

- o CO_2 é **responsável por 64% do aquecimento global provocado pelo homem**.
- **O metano** é responsável por 17% do aquecimento global causado pelo homem e **o óxido nitroso** por 6%.

f) Papel da refletividade da Terra

As alterações humanas na utilização e ocupação do solo alteraram a refletividade da Terra. Processos como a desflorestação, a reflorestação, a desertificação e a urbanização contribuem frequentemente para as alterações climáticas nos locais onde ocorrem. Estes efeitos podem ser significativos a nível regional, mas são menores quando calculados em média para todo o globo. Além disso, as actividades humanas aumentaram, em geral, o número de partículas de aerossol na atmosfera. Globalmente, os aerossóis gerados pelo homem têm um efeito líquido de arrefecimento que compensa cerca de um terço do efeito total de aquecimento associado às emissões humanas de gases com efeito de estufa. As reduções das emissões globais de aerossóis podem, por conseguinte, conduzir a um maior aquecimento. No entanto, reduções específicas das emissões de carbono negro podem reduzir o aquecimento.

g) Outros factores climáticos

As partículas e os aerossóis presentes na atmosfera também podem afetar o clima. As actividades humanas, como a queima de combustíveis fósseis e de biomassa, contribuem para as emissões destas substâncias, embora alguns aerossóis também provenham de fontes naturais, como os vulcões e o plâncton marinho.

O carbono negro (BC) é uma partícula sólida ou aerossol, e não um gás, mas também contribui para o aquecimento da atmosfera. Ao contrário dos gases com efeito de estufa, o CB pode absorver diretamente a luz solar recebida e reflectida, para além de absorver a radiação infravermelha. O CB também se pode depositar na neve e no gelo, escurecendo a superfície e aumentando assim a absorção da luz solar pela neve e acelerando o degelo. Os sulfatos, o carbono orgânico e outros aerossóis podem causar arrefecimento ao reflectirem a luz solar.

A atual **temperatura média global é 0,85°C superior** à registada no final do século XIX. Cada uma das últimas três décadas foi mais quente do que qualquer década anterior desde que os registos começaram em 1850. Os cientistas consideram que um aumento de 2°C em relação à temperatura registada na era pré-industrial constitui o limiar para além do qual existe um risco muito maior de ocorrência de alterações perigosas e possivelmente catastróficas no ambiente global. Por este motivo, a comunidade internacional reconheceu a necessidade de manter o aquecimento abaixo dos 2°C.

A tendência da temperatura da Terra é a apresentada na figura.

Separar as influências humanas e naturais no clima

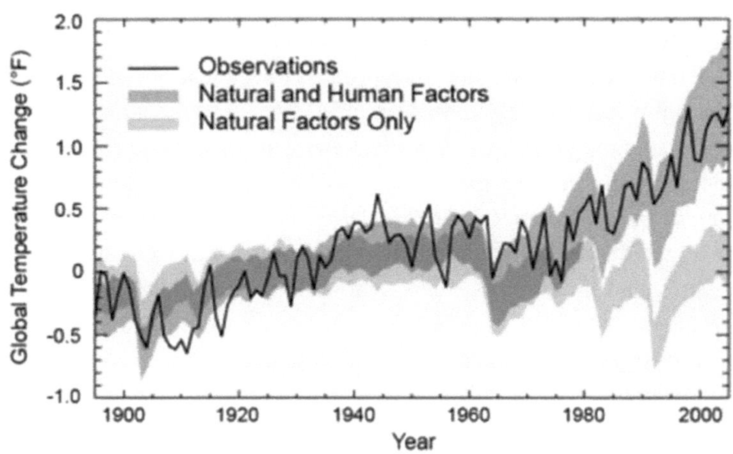

Fig. 9: Contribuições relativas para a temperatura global

Para além dos gases com efeito de estufa, os outros factores que podem levar ao aquecimento ou arrefecimento da atmosfera terrestre são as variações da energia solar que chega à Terra e as alterações da refletividade da atmosfera e da superfície terrestre. Existem vários estudos que remontam a centenas de milhares de anos (e, em alguns casos, a milhões ou centenas de milhões de anos), através da análise de uma série de medidas indirectas do clima, tais como núcleos de gelo, anéis de árvores, comprimentos de glaciares, restos de pólen e sedimentos oceânicos. Os modelos que têm em conta apenas os efeitos dos processos naturais não são capazes de explicar o aquecimento observado no último século. Alguns dos resultados de estudos anteriores são apresentados na figura 10.

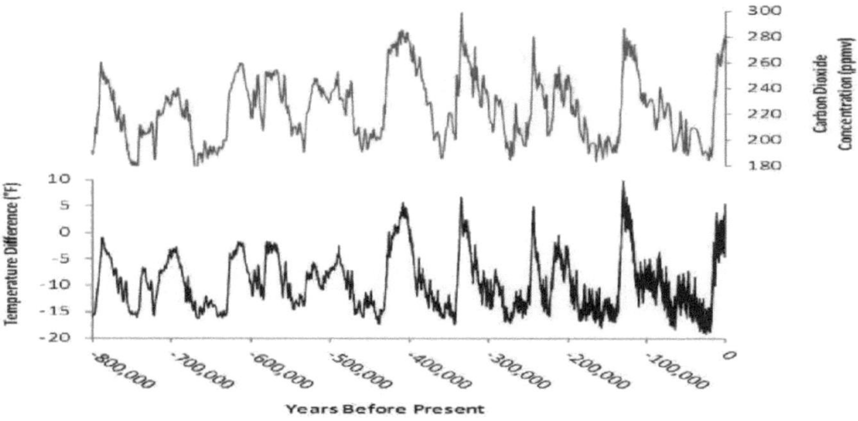

Fig. 10: Estudos paleo da temperatura

Para além dos impactos diretos dos gases com efeito de estufa no aquecimento, existem mecanismos de retroação que contribuem para as alterações climáticas. O vapor de água parece ser a fonte de retroação positiva mais importante. À medida que a Terra aquece, a taxa de evaporação e a capacidade do ar para reter vapor de água aumentam, aumentando a quantidade de vapor de água no ar. Como o vapor de água é um gás com efeito de estufa, este facto leva a um maior aquecimento. O derretimento do gelo marinho do Ártico é outro exemplo de um feedback climático positivo. À medida que as temperaturas sobem, o gelo marinho recua. A perda de gelo expõe a superfície do mar subjacente, que é mais escura e absorve mais luz solar do que o gelo, aumentando a quantidade total de aquecimento. Alguns tipos de nuvens provocam uma reação negativa. O aquecimento das temperaturas pode aumentar a quantidade ou a refletividade destas nuvens, reflectindo mais luz solar de volta para o espaço, arrefecendo a superfície do planeta. Outros tipos de nuvens, no entanto, contribuem para um feedback positivo.

CAPÍTULO 4

4. Impactos das alterações climáticas

As alterações climáticas têm várias facetas relacionadas com a terra, a água e a atmosfera, e as alterações climáticas têm um impacto na sociedade e nos ecossistemas de uma grande variedade de formas. As alterações climáticas podem alterar a precipitação, afetar a saúde humana e influenciar o rendimento das colheitas, provocar alterações ecológicas nas florestas e na vegetação. A alteração do estado da atmosfera e da hidrologia pode mesmo afetar o aprovisionamento energético. Os impactos relacionados com o clima em muitos sectores afectam negativamente a economia.

As últimas duas décadas de dados meteorológicos na Índia revelaram alterações observadas na precipitação, com uma tendência crescente de fenómenos de chuva intensa a muito intensa, mas nem todas as zonas dispõem de dados relativos a períodos longos. A precipitação aumentou nas latitudes médias do hemisfério norte desde o início do século XX. Também se registam mudanças entre estações em diferentes regiões. Por exemplo, a precipitação de verão no Reino Unido está a diminuir, em média, enquanto a precipitação de inverno está a aumentar. Há também provas de que os fenómenos de precipitação intensa se tornaram mais intensos, especialmente na América do Norte.

Glaciares

Os glaciares são considerados um dos indicadores mais sensíveis das alterações climáticas. A sua dimensão é determinada por um balanço de massa entre a entrada de neve e a saída de fusão. À medida que as temperaturas aquecem, os glaciares recuam, a menos que a precipitação de neve aumente para compensar o derretimento adicional; o inverso também é verdadeiro.

Os glaciares crescem e diminuem devido à variabilidade natural e a factores externos. A variabilidade da temperatura, da precipitação e da hidrologia englacial e subglacial pode determinar fortemente a evolução de um glaciar numa determinada estação. Por conseguinte, é necessário calcular a média numa escala temporal decadal ou mais longa e/ou em muitos glaciares individuais para suavizar a variabilidade local a curto prazo e obter uma história do glaciar relacionada com o clima.

Desde a década de 1970 que tem vindo a ser elaborado um inventário mundial de glaciares, inicialmente baseado sobretudo em fotografias aéreas e mapas, mas agora mais assente em satélites. Esta compilação regista mais de 100.000 glaciares que cobrem uma área total de aproximadamente 240.000 km^2 , e as estimativas preliminares indicam que a cobertura de gelo restante é de cerca de 445.000 km^2. O Serviço Mundial de Monitorização dos Glaciares recolhe anualmente dados sobre o recuo dos glaciares e o balanço de massa dos glaciares. Com base nestes dados, verificou-se que os glaciares em todo o mundo estão a diminuir significativamente, com fortes recuos na década de 1940, condições estáveis ou de crescimento durante as décadas de 1920 e 1970 e, novamente, recuando desde meados da década de 1980 até ao presente.

Os processos climáticos mais significativos desde o Plioceno médio ou tardio (há cerca de 3 milhões de anos) são os ciclos glaciares e interglaciares. O atual período interglaciar (o Holoceno) durou cerca de 11 700 anos. Moldado por variações orbitais, respostas como a ascensão e queda de camadas de gelo continentais e alterações significativas do nível do mar ajudaram a criar o clima. No entanto, outras alterações, incluindo os fenómenos Heinrich, Dansgaard-Oeschger e o Younger Dryas, ilustram a forma como as variações glaciares podem também influenciar o clima sem o forçamento orbital.

Os glaciares deixam atrás de si moreias que contêm uma grande quantidade de material - incluindo matéria orgânica, quartzo e potássio - que pode ser datado, registando os períodos em que um glaciar avançou e recuou. Do mesmo modo, através de técnicas tefrocronológicas, a ausência de cobertura glaciar pode ser identificada pela presença de horizontes de solo ou de tefra vulcânica, cuja data de depósito pode também ser determinada.

Perda de gelo marinho no Ártico

O declínio do gelo marinho do Ártico, tanto em extensão como em espessura, nas últimas décadas é mais uma prova das rápidas alterações climáticas.[77] O gelo marinho é água do mar congelada que flutua na superfície do oceano. Cobre milhões de quilómetros quadrados nas regiões polares, variando ao longo das estações. No Ártico, algum gelo marinho permanece ano após ano, ao passo que quase todo o gelo marinho do Oceano Antártico ou do Sul derrete e se reforma anualmente. As observações por satélite mostram que o gelo marinho do Ártico está a diminuir a um ritmo de 13,3% por década, em relação à média de 1981 a 2010.

Alteração do nível do mar

A alteração global do nível do mar durante grande parte do século passado foi geralmente estimada utilizando medições maregráficas coligidas durante longos períodos de tempo para obter uma média a longo prazo. Mais recentemente, as medições com altímetros - em combinação com órbitas de satélite determinadas com exatidão - permitiram uma melhor medição das alterações globais do nível do mar. Para medir o nível do mar antes das medições instrumentais, os cientistas dataram os recifes de coral que crescem perto da superfície do oceano, os sedimentos costeiros, os terraços marinhos, os oóides nos calcários e os vestígios arqueológicos da costa. Os métodos de datação predominantes utilizados são as séries de urânio e o radiocarbono, sendo os radionuclídeos cosmogénicos por vezes utilizados para datar terraços que sofreram uma descida relativa do nível do mar. No início do Plioceno, as temperaturas globais eram 1-2 °C mais quentes do que a temperatura atual, mas o nível do mar era 15-25 metros mais alto do que hoje.

4.1 Impactos das alterações climáticas na Índia

Calor extremo

A Índia já está a sofrer um aquecimento climático. Prevê-se que períodos de tempo quente invulgares e sem precedentes ocorram com muito maior frequência e abranjam áreas muito maiores. Com um aquecimento de 4°C, prevê-se que a costa ocidental e o sul da Índia passem para novos regimes climáticos de temperaturas elevadas, com impactos significativos na agricultura. Com as áreas urbanas construídas a transformarem-se rapidamente em "ilhas de calor", os planeadores urbanos terão de adotar medidas para contrariar este efeito.

Alteração dos padrões de precipitação

Desde os anos 50 que se observa uma diminuição da precipitação das monções. A frequência de fenómenos de precipitação intensa também aumentou. Um aumento de 2°C nas temperaturas médias mundiais tornará a monção de verão da Índia altamente imprevisível. Com um aquecimento de 4°C, prevê-se que, no final do século, uma monção extremamente húmida, que atualmente só pode ocorrer uma vez em cada 100 anos, passe a ocorrer de 10 em 10 anos. Uma mudança abrupta na monção poderia precipitar uma crise grave, desencadeando secas mais frequentes, bem como maiores inundações em grandes partes da Índia. A costa noroeste da Índia até à região costeira do sudeste poderá registar uma precipitação superior à média. Prevê-se que os anos secos sejam mais secos e os anos húmidos mais húmidos. A melhoria dos sistemas hidrometeorológicos para a previsão do tempo e a instalação de sistemas de alerta de inundações podem ajudar as pessoas a sair do perigo antes da ocorrência de uma catástrofe meteorológica.

Secas

Os dados indicam que algumas zonas do Sul da Ásia se tornaram mais secas desde a década de 1970, com um aumento do número de secas. As secas têm consequências importantes. Em 1987 e 2002-2003, as secas afectaram mais de metade da área de cultivo da Índia e provocaram uma enorme quebra na produção agrícola. Prevê-se que as secas sejam mais frequentes nalgumas zonas, especialmente no noroeste da Índia, em Jharkhand, Orissa e Chhattisgarh. Prevê-se que o rendimento das culturas diminua significativamente devido ao calor extremo até à década de 2040. Os investimentos em I&D para o desenvolvimento de culturas resistentes à seca podem ajudar a reduzir alguns dos impactos negativos.

Águas subterrâneas

Mais de 60% da agricultura da Índia é alimentada pela chuva, o que torna o país altamente dependente das águas subterrâneas. Mesmo sem alterações climáticas, 15% dos recursos hídricos subterrâneos da Índia estão sobreexplorados. Embora seja difícil prever os níveis futuros das águas subterrâneas, é de esperar que os lençóis freáticos em declínio continuem a diminuir devido ao aumento da procura de água por parte de uma população em crescimento, de estilos de vida mais abastados, bem como do sector dos serviços e da indústria. A utilização eficiente dos recursos hídricos subterrâneos terá de ser incentivada.

Subida do nível do mar

Mumbai tem a maior população do mundo exposta a inundações costeiras, com grandes partes da cidade construídas em terras recuperadas, abaixo da marca da maré alta. A urbanização rápida e não planeada aumenta ainda mais os riscos de intrusão de água do mar. Estando a Índia próxima do equador, o subcontinente registará uma subida do nível do mar muito superior à das latitudes mais elevadas. A subida do nível do mar e as tempestades conduziriam à intrusão de água salgada nas zonas costeiras, afectando a agricultura, degradando a qualidade das águas subterrâneas, contaminando a água potável e provocando possivelmente um aumento dos casos de diarreia e dos surtos de cólera, uma vez que a bactéria da cólera sobrevive mais tempo em água salgada. Calcutá e Bombaim, ambas cidades densamente povoadas, são particularmente vulneráveis aos impactos da subida do nível do mar, dos ciclones tropicais e das inundações fluviais. Os códigos de construção terão de ser rigorosamente aplicados e o planeamento urbano terá de se preparar para as catástrofes relacionadas com o clima. Terão de ser construídos aterros costeiros onde for necessário e os códigos da Zona de Regulamentação Costeira terão de ser rigorosamente aplicados.

Impactos na agricultura e na segurança alimentar

Mesmo sem alterações climáticas, prevê-se que os preços dos alimentos a nível mundial aumentem devido ao aumento da população e dos rendimentos, bem como a uma maior procura de biocombustíveis.

Arroz: Embora os rendimentos globais do arroz tenham aumentado, o aumento das temperaturas e a diminuição da precipitação no final da estação de crescimento causaram uma perda significativa na produção de arroz da Índia. Sem as alterações climáticas, o rendimento médio do arroz poderia ter sido quase 6% superior (75 milhões de toneladas em termos absolutos).

Trigo: Estudos recentes mostram que o rendimento do trigo atingiu o seu máximo na Índia e no Bangladesh por volta de 2001 e não aumentou desde então, apesar do aumento das aplicações de fertilizantes. As observações mostram que as temperaturas extremamente elevadas no norte da Índia - superiores a 34°C - tiveram um efeito negativo substancial no rendimento do trigo, e o aumento das temperaturas só pode agravar a situação.

A escassez sazonal de água, o aumento das temperaturas e a intrusão de água do mar ameaçariam o rendimento das colheitas, pondo em risco a segurança alimentar do país.

Se as tendências actuais se mantiverem, são de esperar, a curto e médio prazo, reduções substanciais do rendimento do arroz e do trigo.

Com um aquecimento de 2°C até à década de 2050, o país poderá ter de importar mais do dobro da quantidade de géneros alimentícios do que seria necessário sem alterações climáticas. A diversificação das culturas, uma utilização mais eficiente da água e melhores práticas de gestão dos solos, juntamente com o desenvolvimento de culturas resistentes à seca, podem ajudar a reduzir alguns dos impactos negativos.

Segurança energética

Os impactos climáticos nos recursos hídricos podem prejudicar as duas formas dominantes de produção de eletricidade na Índia - a energia hidroelétrica e a produção de energia térmica - que dependem ambas de um abastecimento de água adequado para funcionarem eficazmente. Para funcionarem com a máxima eficiência, as centrais térmicas necessitam de um abastecimento constante de água fresca e fria para manter os seus sistemas de refrigeração.

A crescente variabilidade e a diminuição a longo prazo dos caudais dos rios podem constituir um grande desafio para as centrais hidroeléctricas e aumentar o risco de danos físicos causados por deslizamentos de terras, inundações repentinas, explosões de lagos glaciares e outras catástrofes naturais relacionadas com o clima.

A diminuição da disponibilidade de água e o aumento da temperatura constituirão factores de risco importantes para a *produção de* energia térmica. Os projectos terão de ser planeados tendo em conta os riscos climáticos.

Segurança da água

Muitas partes da Índia já estão a sofrer de stress hídrico. Mesmo sem alterações climáticas, satisfazer a futura procura de água será um grande desafio.

A urbanização, o crescimento da população, o desenvolvimento económico e o aumento da procura de água por parte da agricultura e da indústria são susceptíveis de agravar ainda mais a situação. Prevê-se que um aumento da variabilidade da precipitação das monções aumente a escassez de água em algumas zonas.

Os estudos revelaram que a ameaça à segurança da água é muito elevada na Índia central, ao longo das cadeias montanhosas dos Ghats Ocidentais e nos estados do nordeste da Índia. As melhorias nos sistemas de irrigação, as técnicas de recolha de água e uma gestão mais eficiente da água na agricultura podem compensar alguns destes riscos.

Impactos na saúde

Prevê-se que as alterações climáticas tenham impactos importantes na saúde na Índia - aumentando a subnutrição e as perturbações de saúde conexas, como o atraso no crescimento das crianças - sendo os pobres provavelmente os mais afectados. A malária e outras doenças transmitidas por vectores, juntamente com as infecções diarreicas, que são uma das principais causas de mortalidade infantil, são susceptíveis de se propagar a zonas onde as temperaturas mais frias limitavam anteriormente a transmissão.

CAPÍTULO 5

5. Adaptação às alterações climáticas

A "adaptação" refere-se aos ajustamentos que as sociedades ou os ecossistemas fazem para limitar os efeitos negativos das alterações climáticas ou para tirar partido das oportunidades proporcionadas por um clima em mudança. A adaptação pode ir desde um agricultor que planta culturas mais resistentes à seca até uma comunidade costeira que avalia a melhor forma de proteger as suas infra-estruturas da subida do nível do mar. Embora seja necessário reduzir as emissões de gases com efeito de estufa para evitar os piores impactos das alterações climáticas, é inevitável um certo aquecimento global, devido à natureza duradoura dos gases com efeito de estufa já presentes na atmosfera e ao calor já armazenado nos oceanos.

As acções de adaptação incluem a resposta a condições que já se alteraram e o planeamento das alterações climáticas antes da ocorrência dos impactos. As medidas de adaptação já estão em vigor em muitas áreas, como mostram os exemplos abaixo. Estas acções podem ser expandidas ou modificadas para se prepararem para as alterações climáticas. Mas também podem ser necessárias medidas adicionais, como novas tecnologias e políticas. Estas acções podem exigir tempo e recursos para serem executadas, pelo que é importante planear agora.

As diferentes acções pró-activas previstas são :

- Desenvolver variedades de culturas que sejam mais tolerantes ao calor, à seca ou às inundações provocadas por chuvas intensas.
- Preservar as zonas húmidas e os espaços abertos para proteger as comunidades costeiras das inundações e da erosão provocadas pelas tempestades e pela subida do nível do mar.
- Melhorar o planeamento da evacuação das zonas baixas para as preparar para o aumento das tempestades e das inundações.
- Reduzir a poluição, a perda de habitat e outros factores de stress que tornam os ecossistemas mais vulneráveis às alterações climáticas.
- Aumentar a eficiência energética para ajudar a compensar os aumentos do consumo de energia, como o aumento da utilização do ar condicionado à medida que as temperaturas aquecem.
- Criar sistemas de alerta precoce e planos de resposta a emergências para se preparar para mais fenómenos meteorológicos extremos.
- Plantar árvores e alargar os espaços verdes nas cidades para reduzir o efeito de

"ilha de calor urbana".

- Melhorar a eficiência da utilização da água e criar uma capacidade adicional de armazenamento de água através da recuperação das margens dos cursos de água e dos rios.

SECÇÃO B: PAPEL DOS SATÉLITES NOS ESTUDOS SOBRE AS ALTERAÇÕES CLIMÁTICAS

CAPÍTULO 6

6. Introdução à Deteção Remota

As potenciais alterações climáticas e os possíveis impactos adversos na economia e na sociedade em geral são motivo de preocupação. As observações indicam a possibilidade de ocorrência mais frequente de fenómenos meteorológicos graves e de precipitação muito intensa, bem como a submersão de ilhas baixas e zonas costeiras, inundações frequentes, degradação costeira e degelo dos glaciares nos Himalaias indianos. É necessário monitorizar e analisar os vários parâmetros associados às alterações climáticas. Sendo a agricultura indiana fortemente dependente da monção, é necessário prestar atenção ao potencial impacto das alterações climáticas na dinâmica da monção através do aquecimento dos oceanos. Ao estudar os cenários de alterações climáticas, é essencial elaborar as estratégias necessárias a nível local para reduzir os impactos adversos, especialmente na agricultura e na gestão dos recursos hídricos. Contrariar o efeito das alterações climáticas através de meios científicos será uma tarefa difícil.

CAPÍTULO 7

7. Interações energéticas com a atmosfera

Toda a matéria é composta por átomos e moléculas com composições específicas. Por conseguinte, a matéria emitirá ou absorverá radiação electromagnética num determinado comprimento de onda, em função do seu estado interior. Toda a matéria reflecte, absorve, penetra e emite radiação electromagnética de uma forma única. A radiação electromagnética através da atmosfera para e a partir de matérias na superfície da Terra são reflectidas, espalhadas, difractadas, refractadas, absorvidas, transmitidas e dispersas. Por exemplo, a razão pela qual uma folha parece verde é que a clorofila absorve os espectros azul e vermelho e reflecte o verde. As caraterísticas únicas da matéria são designadas por caraterísticas espectrais.

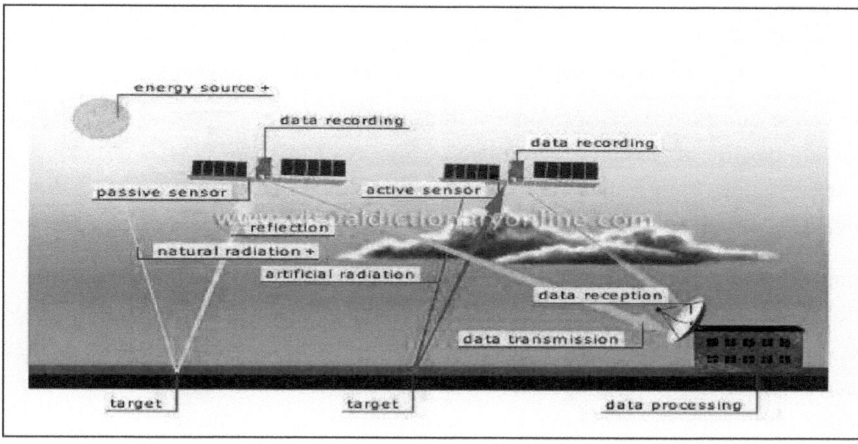

Fig. 11 Interação da radiação solar com a atmosfera

O rácio entre a radiação transmitida através da atmosfera que chega à Terra e a radiação recebida do Sol é designado por transmitância. Esta varia para diferentes regiões de frequência devido à absorção selectiva e à dispersão pelos gases na atmosfera. A figura seguinte mostra a transmitância da radiação em função do comprimento de onda para a atmosfera.

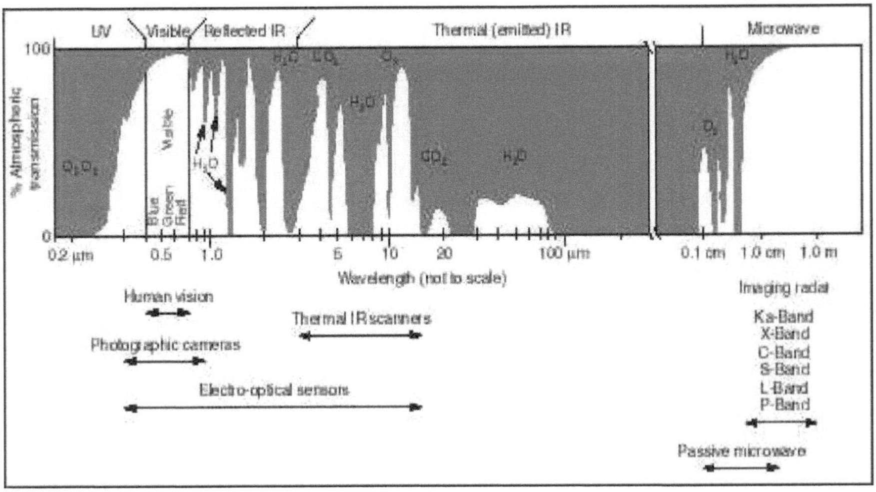

Fig 12 Janelas atmosféricas para sensores de deteção remota

Pode ver-se que existem regiões onde a transmitância é elevada, o que significa que a atmosfera permite a passagem da radiação. São as chamadas "janelas atmosféricas". Há outras regiões onde a transmitância é muito baixa, o que significa que a radiação é absorvida por moléculas de gás como CO2 , O2 , O3 , H2 O etc.

As janelas atmosféricas situam-se nas regiões do visível, do infravermelho termal e das micro-ondas e são utilizadas para a deteção remota da superfície terrestre. As regiões espectrais de absorção são utilizadas na deteção remota da atmosfera para estudar a concentração de gases, a temperatura e a humidade da atmosfera. Um exemplo é a banda ultravioleta utilizada para estudar a concentração de ozono (O3).

CAPÍTULO 8

8. Sensores de satélite, plataformas e digitalização

A maior parte dos instrumentos de deteção remota (sensores) são concebidos para medir fotões. O princípio fundamental de um sensor é a forma como recebe a radiação electromagnética e a converte em sinais eléctricos. Este é o conceito de *efeito fotoelétrico*, pelo qual Albert Einstein, que o explicou em pormenor pela primeira vez, ganhou o seu Prémio Nobel. Em termos simples, isto significa que haverá uma emissão de partículas negativas (electrões) quando uma placa com carga negativa de um material sensível à luz for sujeita a um feixe de fotões. Os electrões podem então fluir como uma corrente a partir da placa, são recolhidos e depois contados como um sinal. Um ponto-chave: A magnitude da corrente eléctrica produzida (número de fotoelectrões por unidade de tempo) é diretamente proporcional à intensidade da luz. Assim, as alterações na corrente eléctrica podem ser utilizadas para medir as alterações nos fotões (número; intensidade) que atingem a placa (detetor) durante um determinado intervalo de tempo. A energia cinética dos fotoelectrões libertados varia com a frequência (ou comprimento de onda) da radiação incidente. No entanto, os diferentes materiais sofrem a libertação de electrões por efeito fotoelétrico em diferentes intervalos de comprimento de onda; cada um tem um comprimento de onda limite no qual o fenómeno é perpendicular à direção do movimento do satélite. No varrimento ao longo da trajetória, o sensor move-se ao longo do satélite e continua a "ver o campo de visão". O campo de visão será a cena total abaixo do sensor e o campo de visão instantâneo (IFOV) é a área que está a ser digitalizada.

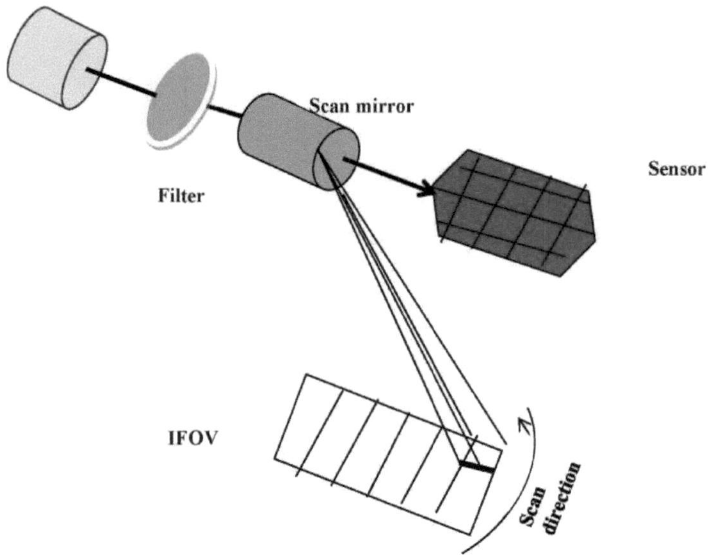

Fig. 13: Varrimento transversal

CAPÍTULO 9

9. Assinaturas de corpos físicos

De um modo geral, a deteção remota funciona com base no princípio do *problema inverso*. Embora o objeto ou fenómeno de interesse não possa ser medido diretamente, existe uma outra variável que pode ser detectada e medida, que pode ser relacionada com o objeto de interesse através da utilização de um modelo informático derivado dos dados. A analogia comum utilizada para descrever esta situação é tentar determinar o tipo de animal a partir das suas pegadas. Por exemplo, embora seja impossível medir diretamente as temperaturas na atmosfera superior, é possível medir as emissões espectrais de uma espécie química conhecida (como o dióxido de carbono) nessa região. A frequência da emissão pode então ser relacionada com a temperatura nessa região através de várias relações termodinâmicas. A qualidade dos dados de teledeteção consiste nas suas resoluções espacial, espetral, radiométrica e temporal.

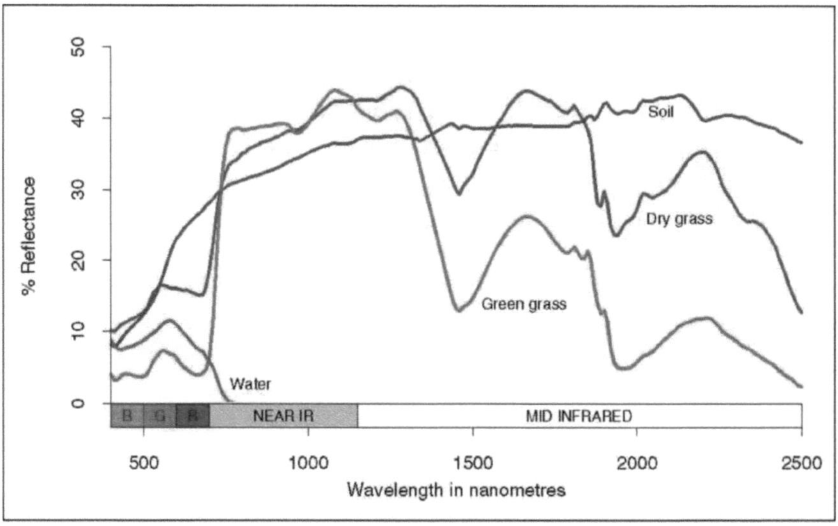

Fig. 14. Assinatura espetral dos objectos

As proporções de energia reflectida, absorvida e transmitida variam para diferentes elementos da Terra, dependendo do seu tipo de material e condições. Estas diferenças permitem-nos distinguir diferentes elementos numa imagem. A dependência do comprimento de onda significa que, mesmo dentro de um determinado tipo de elemento, a proporção de energia reflectida, absorvida e transmitida variará em diferentes comprimentos de onda. Assim, duas caraterísticas podem ser distinguíveis numa gama espetral e ser muito diferentes noutra marca de comprimento de onda. Na parte visível do espetro, estas variações espectrais resultam no efeito visual denominado COR. Por exemplo, chamamos aos objectos azuis "azuis" quando reflectem

na região espetral "verde", e assim por diante. Assim, o olho utiliza variações espectrais na magnitude da energia reflectida para discriminar entre vários objectos.

Um gráfico da reflectância espetral de um objeto em função do comprimento de onda é designado por curva de reflectância espetral. A configuração das curvas de reflectância espetral fornece caraterísticas de perceção de um objeto e tem uma forte influência na escolha da(s) região(ões) de comprimento de onda em que os dados de deteção remota são adquiridos para uma determinada aplicação. Este facto é ilustrado na figura 5, que mostra curvas de reflectância espetral altamente generalizadas de árvores de folha caduca e de coníferas (na discussão, utilizamos os termos "caduca" e "conífera" de forma algo vaga, referindo-nos a árvores de folhas largas, como o carvalho e o ácer, como caducas e a árvores com agulhas, como o pinheiro e o abeto, como coníferas). É de notar que a curva para cada um destes tipos de objectos é traçada como uma "fita" (ou "envelope") de valores e não como uma linha única. Isto deve-se ao facto de a reflectância espetral variar um pouco dentro de uma determinada classe de material. Ou seja, a reflectância espetral de uma espécie de árvore de folha caduca e de outra nunca será idêntica. A reflectância espetral de árvores da mesma espécie também nunca será exatamente igual.

CAPÍTULO 10

10. Programa de satélites da Índia

O programa indiano de observação da Terra tem sido orientado para aplicações e o desenvolvimento nacional tem sido a sua principal motivação. Após os voos de demonstração bem sucedidos dos satélites Bhaskara-1 e Bhaskara-2, lançados em 1979 e 1981, respetivamente, a Índia começou a desenvolver o programa indiano de satélites de teledeteção (IRS) para apoiar a economia nacional nos domínios da agricultura, recursos hídricos, silvicultura e ecologia, geologia, bacias hidrográficas, pesca marítima e gestão costeira.

Para o efeito, a Índia criou o Sistema Nacional de Gestão dos Recursos Naturais (NNRMS), para o qual o Departamento do Espaço (DOS) é a agência nodal, fornecendo serviços operacionais de dados de teledeteção. Os dados dos satélites IRS são recebidos e divulgados por vários países em todo o mundo. Com o advento dos satélites de alta resolução, foram iniciadas novas aplicações nos domínios da expansão urbana, do planeamento de infra-estruturas e de outras aplicações de cartografia em grande escala.

O sistema IRS é a maior constelação de satélites de deteção remota para uso civil atualmente em funcionamento no mundo, com 12 satélites operacionais. Todos eles estão colocados numa órbita polar sincronizada com o Sol e fornecem dados numa variedade de resoluções espaciais, espectrais e temporais. O programa indiano de teledeteção completou os seus 25 anos de operações bem sucedidas em 17 de março deth, 2013.

Quadro 1: Satélites indianos de deteção remota

Satellite	Launch Date	Type of Satellite
RISAT-1	26.04.2012	Earth Observation
Megha-Tropiques	12.10.2011	Earth Observation
RESOURCESAT-2	20.04.2011	Earth Observation
CARTOSAT-2B	12.07.2010	Earth Observation
Oceansat-2	23.09.2009	Earth Observation
RISAT-2	20.04.2009	Earth Observation
CARTOSAT - 2A	28.04.2008	Earth Observation
CARTOSAT - 2	10.01.2007	Earth Observation
CARTOSAT-1	05.05.2005	Earth Observation
Resourcesat-1	17.10.2003	Earth Observation
KALPANA (METSAT)	12.09.2002	Weather Observation
TES	22.10.2001	Earth Observation
OCEANSAT	26.05.1999	Earth Observation
IRS-1D	29.09.1997	Earth Observation
IRS-P3	21.03.1996	Earth Observation
IRS-1C	28.12.1995	Earth Observation
IRS-P2	15.10.1994	Earth Observation
IRS-1E	20.09.1993	Earth Observation
IRS-1B	29.08.1991	Earth Observation
INSAT-1D	12.06.1990	Weather Observation
INSAT-1C	21.07.1988	Weather Observation
IRS-1A	17.03.1988	Earth Observation
INSAT-1B	30.08.1983	Weather Observation
Rohini (RS-D2)	17.04.1983	Earth Observation
INSAT-1A	10.04.1982	Weather Observation
Bhaskara-II	20.11.1981	Earth Observation
Bhaskara-I	07.06.1979	Earth Observation
Aryabhata	19.04.1975	Experimental Satellite

CAPÍTULO 11

11. Vantagens das observações por satélite

O lançamento do primeiro satélite meteorológico TIROS-I, em abril de 1960, marcou o início da era das observações espaciais e deu ao globo os primeiros vislumbres dos sistemas dinâmicos de nuvens que atualmente só estão disponíveis em sistemas de órbita polar. Desde então, a tecnologia evoluiu a passos largos nas capacidades de observação em termos de resolução espacial, (VHRR) que nos permite ter resoluções visíveis, infravermelhas e agora espectrais e temporais. As vantagens das observações espaciais são

- o sinóptica de grandes áreas, que permite que os observatórios meteorológicos inter- - A visão sinóptica de grandes áreas, que permite que os observatórios meteorológicos inter- forneçam relações meteorológicas permanentes de processos de diferentes escalas espaciais.
- As observações frequentes dos satélites geoestacionários proporcionam uma monitorização contínua, enquanto os satélites de órbita polar proporcionam uma cobertura típica de duas vezes por dia;
- O cálculo da média espacial inerente é mais representativo das condições atmosféricas e ultrapassa o problema da intercalibração necessária
- Elevado nível de uniformidade das observações espaciais. Os satélites INSAT fornecem, de hora a hora, imagens meteorológicas do país, mostrando os sistemas de nuvens, o seu movimento e potenciais fenómenos meteorológicos graves.
- Preenchimento de lacunas nas observações; Os dados espaciais cobrem grandes áreas oceânicas e áreas terrestres inacessíveis e remotas, dando assim uma cobertura global.
- Novos tipos de dados e observações; os parâmetros dos resultados científicos são: como a temperatura da superfície do mar (pele), os ventos da superfície do mar, a salinidade, o balanço de radiação, o aerossol, etc.
- Monitorização e previsão de fenómenos meteorológicos graves, tais como ciclones, inundações, explosões de nuvens, etc.

Todos os dados de satélite são introduzidos em modelos meteorológicos que geram previsões do tempo para 24 a 72 horas. Estes modelos requerem dados meteorológicos de boa qualidade a intervalos regulares.

Começamos por descrever em pormenor o sistema INSAT, que é o principal satélite de vigilância meteorológica nesta parte do globo. Trata-se de um satélite geoestacionário polivalente que responde às exigências da meteorologia e das comunicações. Transporta uma carga útil meteorológica denominada Radiómetro de Muito Alta Resolução. O Departamento Meteorológico da Índia é o principal organismo responsável pela elaboração de previsões e serviços meteorológicos. Uma rede de estações de observação de superfície e de ar superior é utilizada em conjunto com as observações por satélite. Desde o início, o programa espacial indiano deu grande impulso à meteorologia e à previsão do tempo. A série INSAT de satélites geoestacionários de dados foi concebida para satisfazer as necessidades operacionais dos serviços de meteorologia e meteorologia. A série INSAT 1, lançada na década de 80, transportava um Radiómetro de Resolução Muito Elevada que operava nas bandas visível (0,55-0,75 цт) e térmica (10,5-12,5 цт). O papel crítico desempenhado pelas observações por satélite foi evidenciado em vários estudos efectuados nas regiões oceânicas do Índico e do Pacífico. Atualmente, vários satélites meteorológicos operacionais estão a fornecer avisos agro-meteorológicos aos agricultores.

Vários sensores estão em funcionamento a partir de vários satélites, tais como -

> Câmaras de vapor de água, Sondas de infravermelhos, Câmaras de micro-ondas, Sondas de micro-ondas, Dispersómetros
> Altímetros de radar.

CAPÍTULO 12

12. Aplicações de deteção remota

As observações de deteção remota fornecem dados sobre os recursos naturais da Terra num formato espacial. Os dados de teledeteção (RS) têm a vantagem de serem sinópticos e de abrangerem uma grande área. A informação necessária no domínio da engenharia civil é obtida principalmente a partir da análise dos padrões de imagem presentes nos dados. Estes padrões reflectem a influência do tipo de material de base, dos processos geológicos sofridos, do ambiente climático, biótico e fisiográfico e da atividade humana. Assim, as aplicações da teledeteção à engenharia envolvem o reconhecimento de formas de relevo básicas, tal como indicado pelos elementos de padrão na imagem. Alguns dos projectos importantes levados a cabo no país incluem a cartografia das perspectivas das águas subterrâneas no âmbito da missão relativa à água potável, a previsão da produção agrícola utilizando o espaço, a agrometeorologia e as observações terrestres (FASAL), a cartografia do coberto florestal/tipo, a cartografia das pastagens, a caraterização da biodiversidade, os estudos sobre a neve e os glaciares, a cartografia da utilização/cobertura do solo, os estudos costeiros, os estudos sobre os corais e os mangais, a cartografia dos baldios, etc. A informação gerada por um grande número de projectos tem sido utilizada por vários departamentos, indústrias e outros para diferentes fins, como o planeamento do desenvolvimento, a monitorização, a conservação, etc.

As previsões meteorológicas são feitas através da recolha de dados quantitativos sobre o estado atual da atmosfera e da utilização de conhecimentos científicos sobre os processos atmosféricos para projetar a forma como a atmosfera irá evoluir. A natureza caótica da atmosfera, o enorme poder computacional necessário para resolver as equações que descrevem a atmosfera, o erro envolvido na medição das condições iniciais e uma compreensão incompleta dos processos atmosféricos significam que as previsões se tornam menos precisas à medida que aumenta a diferença entre o tempo atual e o tempo para o qual a previsão está a ser feita (o *intervalo* da previsão). Os modelos numéricos de previsão do tempo são simulações computorizadas da atmosfera. A grande quantidade de observações de parâmetros meteorológicos é fornecida por satélites e estações terrestres, tais como AWS, MBLM, GPS Sonde, Radar, LIDAR, etc.

CAPÍTULO 13

13. Monitorização meteorológica a partir de satélites

Na Índia, o Departamento Meteorológico Indiano é a principal agência para monitorizar o tempo e fazer previsões. Uma rede de observatórios meteorológicos está a fornecer dados meteorológicos permanentes, tanto à superfície como no ar superior. Desde o início, o programa espacial indiano deu um grande impulso à meteorologia e à previsão meteorológica. A série INSAT de satélites geoestacionários foi concebida para satisfazer as necessidades operacionais dos serviços de meteorologia e meteorologia. A série INSAT 1, lançada nos anos 80, transportava uma carga útil de Radiómetro de Resolução Muito Elevada (VHRR) que operava em duas bandas espectrais - visível [0,55-0,75 gm] e infravermelho termal [10,5-12,5 gm]. Os satélites INSAT fornecem, de hora a hora, imagens meteorológicas do país, mostrando os sistemas de nuvens, o seu movimento e potenciais fenómenos meteorológicos graves.

Os estudos atmosféricos requerem igualmente dados terrestres e volumétricos adequados. A atual rede de observação é inadequada em termos de cobertura espacial e de representatividade. A Estação Meteorológica Automática (AWS), o Radar Meteorológico Doppler, o Lidar de Camada Limite e a Sonda GPS fornecem dados meteorológicos

Todos estes dados são introduzidos em modelos meteorológicos que geram previsões do tempo para 24 a 72 horas. Estes modelos requerem dados meteorológicos de boa qualidade a intervalos regulares. Alguns dos resultados científicos são -

- Um dos primeiros estudos utilizando dados de satélite mostrou a natureza oscilatória de 30-40 dias do fluxo das monções. O papel crítico desempenhado pela temperatura da superfície do mar nas regiões dos oceanos Índico e Pacífico foi claramente evidenciado por vários estudos.

- Com base nas previsões meteorológicas para os próximos dias, são gerados avisos agromet para ajudar os agricultores. As previsões relativas a chuvas intensas ou chuvas fracas ajudam a recomendar acções adequadas para salvar as culturas. Atualmente, o IMD fornece avisos agromet a nível distrital. Com a utilização de modelos de mesoescala, é possível alargar este serviço a nível de taluk, beneficiando os agricultores.

- Os dados meteorológicos, juntamente com os satélites, são valiosos para a monitorização e previsão de ciclones. As imagens INSAT/VHRR estão a ser utilizadas para identificar sistemas de nuvens sobre os oceanos, onde não existem dados de observação, bem como para o seguimento de ciclones, a avaliação da intensidade e a previsão de tempestades, etc. A investigação atual em todo o mundo está a concentrar-se na utilização de modelos de mesoescala com dados de satélite para melhorar a previsão da intensidade e do trajeto dos ciclones.

- O alerta precoce de seca é útil para as operações nas explorações agrícolas e para se chegar a um padrão local ótimo de utilização da água. As anomalias de precipitação observadas a partir de satélites geoestacionários/meteorológicos estão a ser utilizadas para o alerta precoce de seca, que ainda não está totalmente operacionalizado. O índice de vegetação derivado de satélite (VI), que é sensível ao stress hídrico, está agora a ser utilizado continuamente para monitorizar as condições de seca em tempo real, ajudando frequentemente os decisores a iniciar estratégias de recuperação através da alteração dos padrões e práticas de cultivo

Fig. 15 Monitorização do tempo com o INSAT

CAPÍTULO 14

14. Aplicações de dados de satélite para o estudo das alterações climáticas

Nas últimas três décadas, a teledeteção por satélite cresceu em termos de tecnologia e de potencial de aplicação. Foram desenvolvidos e tornados operacionais sensores multifrequência e de alta resolução. A Índia está a operar as séries de satélites INSAT e IRS (Joshi et al, 2003) para aplicações terrestres, oceânicas e atmosféricas. Os sensores avançados em funcionamento incluem o Atmospheric Sounder no INSAT 3D, o OCM no Oceansat 2, o Wind Scatterometer no Oceansat 2 e o WiFS no Resourcesat. Estes sensores são capazes de captar os aspectos dinâmicos dos processos terrestres, da dinâmica oceânica e das condições atmosféricas.

As secções seguintes destacam aplicações de dados de satélite para estudos sobre alterações climáticas.

Aplicações terrestres :

Devido à rápida urbanização, a utilização do solo está a mudar a um ritmo acelerado e é necessário monitorizá-la. Os satélites de teledeteção indianos (IRS) possuem sensores de alta resolução que operam na região do visível e do infravermelho próximo. Estes são úteis para cartografar a ocupação do solo em grandes áreas e quantificar as alterações. A figura 6 mostra as alterações da cobertura do solo e da vegetação nos meses de junho e setembro. A camada de vegetação fornece informações importantes necessárias para os modelos meteorológicos de alta resolução.

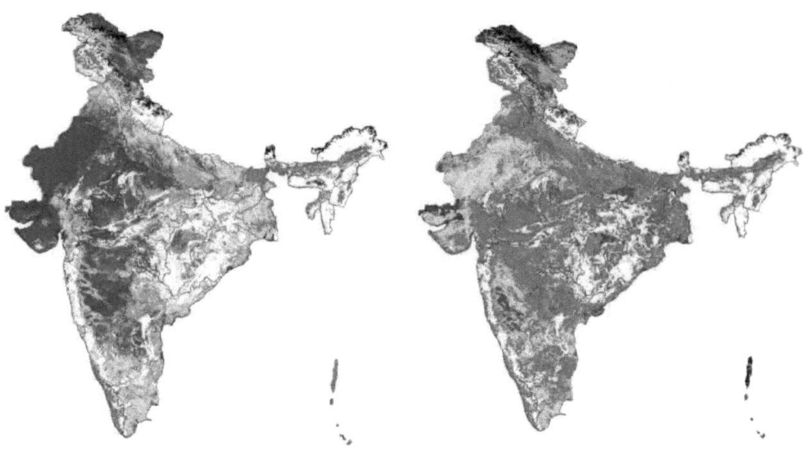

Fig. 16: Mapa de vegetação a partir de dados IRS 1 B - junho de 2016 (esquerda) e setembro de 2016 (direita)

O coberto florestal em todo o mundo está a ser monitorizado com grande detalhe através de múltiplos sensores de satélite. Os dados fornecem pormenores como o tipo de vegetação, a densidade, o vigor da vegetação e os danos causados pelos incêndios florestais.

A Figura 17 apresenta o coberto florestal em partes dos Ghats ocidentais no estado de Karnataka, na Índia.

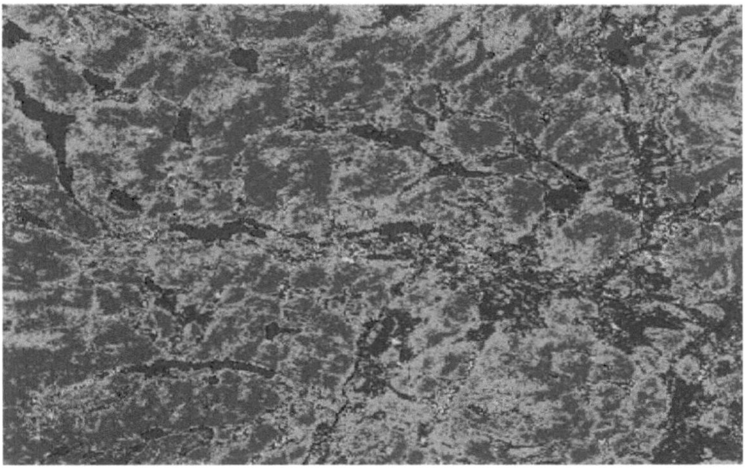

	Hardwood	Softwood	Mixed	Water	Open	User's Accuracy
Hardwood	59	1	8	0	11	0.75
Softwood	6	9	7	0	0	0.41
Mixed	17	4	31	0	0	0.60
Water	0	0	0	20	0	1.00
Open	0	2	1	1	8	0.67
Producer's Accuracy	0.72	0.56	0.66	0.95	0.42	
	Overall Accuracy:		0.69			

Fig. 17: Monitorização da floresta utilizando dados IRS WiFS

A sensibilidade da vegetação no visível e no infravermelho é utilizada para obter o Índice de Vegetação por Diferença Normalizada (NDVI) como NIR - G /NIR + G, em que NIR e G são radiações nas bandas do infravermelho próximo e do verde. Este índice é muito sensível à precipitação e reflecte a anomalia da precipitação e a resposta da vegetação. Existe no país uma base de dados de longo prazo de cerca de 20 anos.

A zona costeira é muito sensível às alterações do nível do mar e à frequência dos ciclones e, ao longo de um período, regista alterações na linha costeira e nas formas de relevo. Assim, a zona costeira é um bom indicador das alterações climáticas. Os dados de satélite do IRS têm sido utilizados para cartografar as alterações da linha costeira a uma escala anual e decadal, a fim de estudar o impacto das alterações do nível do mar.

Os dados de satélite de várias datas podem fornecer informações sobre -

- Cartografia e monitorização dos recifes de coral, mangais e zonas húmidas costeiras
- Produtividade primária
- Monitorização das linhas costeiras

Fig. 18: Monitorização do ambiente costeiro através de satélites

Utilizando dados de satélite, é agora possível identificar "hotspots" onde estão a ocorrer grandes alterações na linha costeira.

Outra aplicação potencial dos dados de satélite é o inventário, a monitorização e o recuo dos glaciares dos Himalaias utilizando dados de satélite. O inventário dos glaciares foi efectuado para as regiões glaciares das bacias do Indo, Ganges e Brahmaputra, numa escala aproximada de 1:50.000. As medições específicas das caraterísticas dos glaciares cartografados são utilizadas como dados de entrada para gerar os dados do inventário dos glaciares. Foram efectuados estudos de balanço de massa dos glaciares para 10 sub-bacias selecionadas de dimensão média, distribuídas pela região dos Himalaias indianos (rios Indo, Ganges e Brahmaputra). As cenas IRS LISS III são utilizadas para determinar os limites dos glaciares utilizando dados de maior resolução. Os limites dos glaciares são sobrepostos sequencialmente em todas as cenas AWiFS. O mapeamento do recuo dos glaciares foi feito para as 14 bacias selecionadas espalhadas pela região indiana dos Himalaias. Isto implica a criação de uma base de dados da extensão espacial de todos os glaciares e a sobreposição dos limites; a verificação dos limites na zona de acumulação com base na sombra das cristas e nas drenagens; a identificação do recuo dos glaciares e a estimativa da área evacuada pelos glaciares e a verificação no terreno da localização do focinho utilizando observações GPS. A monitorização do manto de neve da região indiana dos Himalaias, que abrange as bacias dos rios Indus, Ganga e Brahmaputra, foi efectuada com base em dados AWiFS multidata do Resourcesat-1, tendo sido elaborados atlas do manto de neve. É essencial uma monitorização cuidadosa para avaliar qualquer redução do manto de neve e recuo das linhas de neve devido às alterações climáticas.

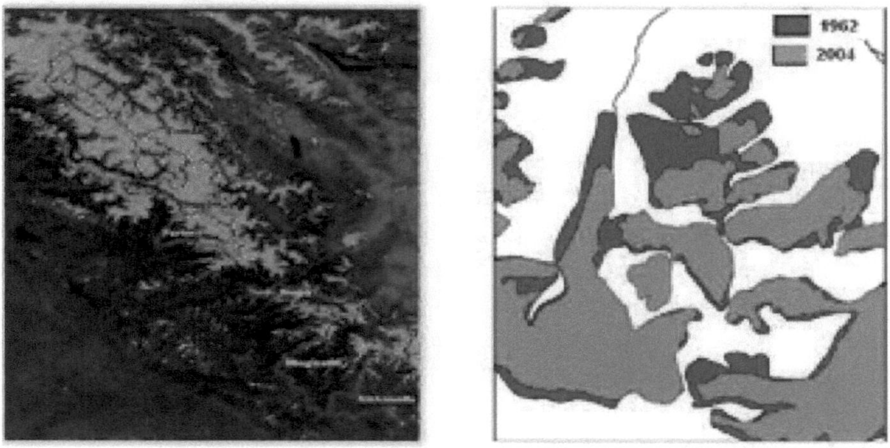

Fig.19: Inventário dos glaciares das bacias do Ganges e Brahmaputra 1962 - 2004 utilizando dados IRS WiFS (33 sub-bacias monitorizadas e foi detectada uma perda de 16%)

Os oceanos e a atmosfera armazenam e trocam energia sob a forma de calor, humidade e momento. Os oceanos são obviamente o maior reservatório de humidade da Terra. Também absorvem o calor de forma mais eficaz do que a terra e as superfícies de gelo e armazenam-no de forma mais eficiente do que a terra. O calor oceânico é libertado mais lentamente do que em terra, mantendo as zonas costeiras mais temperadas.

Fig. 20: Estudo de ciclones tropicais utilizando dados do INSAT

Além disso, os dados meteorológicos, juntamente com os satélites, são valiosos para a monitorização e previsão de ciclones. As imagens INSAT/VHRR estão a ser utilizadas para identificar sistemas de nuvens sobre os oceanos, onde não existem dados de observação, bem como para o seguimento de ciclones, a avaliação da intensidade e a previsão de tempestades, etc. A investigação atual em todo o mundo está a concentrar-se na utilização de modelos de mesoescala com dados de satélite para melhorar a previsão da intensidade e do trajeto dos ciclones.

As alterações no balanço energético entre os oceanos e a atmosfera desempenham um papel importante nas alterações climáticas do planeta. Os oceanos têm uma enorme inércia térmica e dinâmica, que pode abrandar e amortecer o ritmo das alterações climáticas. Os dez pés superiores (~3 m) do oceano retêm tanto calor como toda a atmosfera. O efeito moderador da temperatura dos oceanos reduz a amplitude diária e anual das temperaturas costeiras e resulta num desfasamento de várias semanas entre os extremos das temperaturas sazonais globais de verão e de inverno e a trajetória anual do Sol. A temperatura dos oceanos desempenha um papel crucial na monção indiana e na produtividade dos oceanos em termos de potencial de pesca e de produção de clorofila.

Os dados de satélite dos satélites geoestacionários NOAA e INSAT são utilizados para preparar mapas semanais da temperatura da superfície do mar (SST). A exatidão alcançada é da ordem de ± 0,5 °C. Estes mapas constituem os dados de base para a análise das condições El Nino/La Nina no oceano Pacífico e das condições de ciclogénese nos oceanos Índicos. As variações sazonais longas e curtas da SST estão a ser monitorizadas regularmente. O oceano armazena e transporta não só calor mas também dióxido de carbono (CO2), uma potencial fonte importante de aquecimento global. Cerca de metade do total de CO2 adicionado à atmosfera durante o último século pela atividade humana - principalmente devido à utilização de combustíveis fósseis e à desflorestação - foi absorvido pelo oceano.

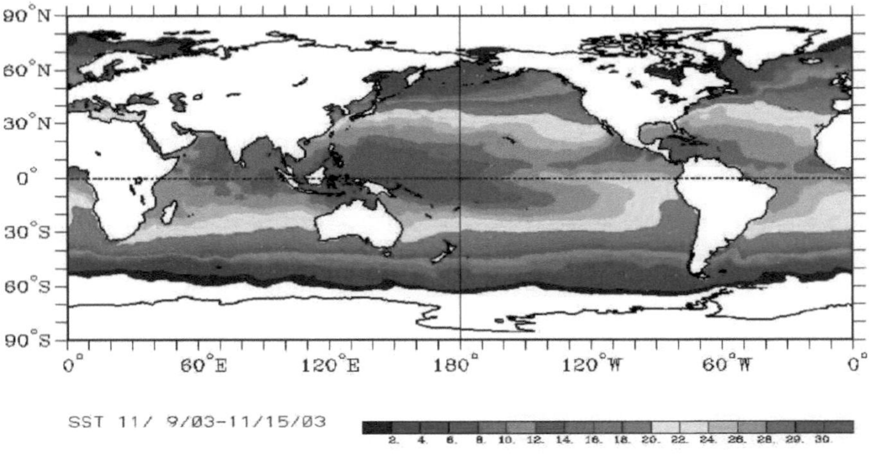

Fig. 21: Temperatura global da superfície do mar com base nos dados da NOAA.

A maior parte do CO2 emitido para a atmosfera acabará por ser absorvido pelos oceanos. No entanto, este processo demorará várias décadas a séculos. O fitoplâncton também armazena dióxido de carbono das camadas superiores do oceano. Muitas espécies sequestram o CO2 nas suas conchas de carbonato, que acabam por se afundar no fundo do oceano, ou são removidas a longo prazo do ciclo do carbono. O Monitor de Cor dos Oceanos a bordo do Oceansat 2 tem 8 canais estreitos na região verde e azul do espetro visível. Este facto torna-o muito sensível à cor dos oceanos devido ao fitoplâncton e à sedimentação. Do mesmo modo, o satélite MODIS dispõe de vários canais sensíveis à produtividade dos oceanos.

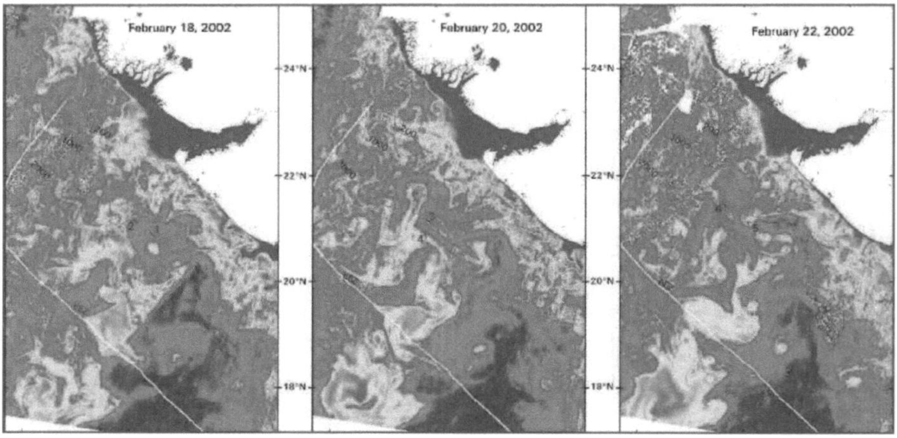

Fig. 22: Variabilidade espacial e sazonal (monção) da concentração de clorofila-a nos oceanos Índicos.

A Missão de Monitorização da Precipitação Tropical (TRMM) tem um radar a bordo para monitorizar a precipitação a nível global. Este satélite permitiu obter informações sobre os processos de precipitação e, pela primeira vez, efectuou observações sobre os oceanos.

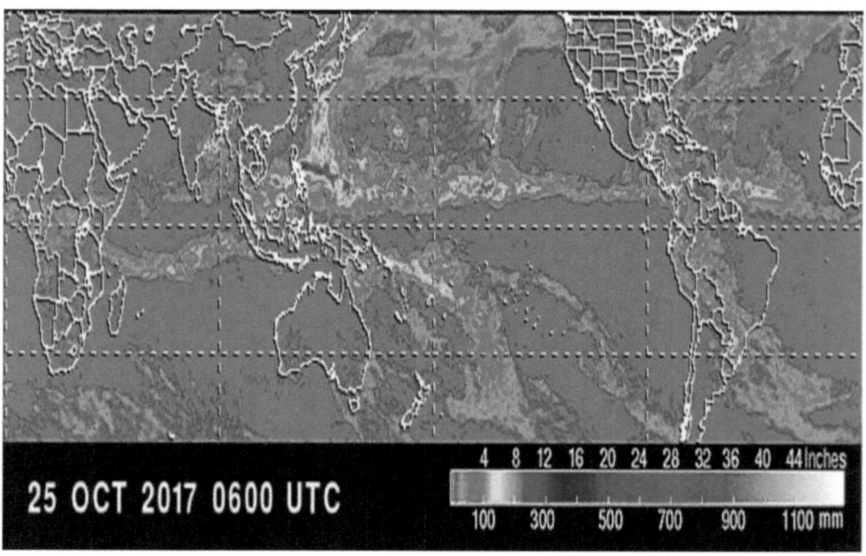

Fig. 23: Precipitação baseada no TRMM sobre os oceanos globais.

O satélite INSAT, em 1982, anunciou a era das observações espaciais e deu os primeiros vislumbres dos sistemas dinâmicos de nuvens sobre a Índia. Desde o lançamento do INSAT 1A em 1982, uma série de satélites está em funcionamento e o IMD desenvolveu uma série de longo prazo de cobertura de nuvens, OLR, precipitação, etc. Os produtos do INSAT constituirão um importante conjunto de dados para a análise das alterações climáticas a nível local e regional. Atualmente, o satélite INSAT fornece observações globais e regionais. Transporta a carga útil do Radiómetro de Muito Alta Resolução (VHRR), que funciona em duas bandas espectrais - visível [0,55-0,75 im] e infravermelho termal [10,5-12,5 im]. O satélite INSAT fornece, de hora a hora, imagens meteorológicas do país, mostrando os sistemas de nuvens, o seu movimento e potenciais fenómenos meteorológicos graves. Os produtos quantitativos disponíveis a partir dos dados do INSAT fornecem produtos numéricos como os vectores de movimento das nuvens (CMV), as estimativas quantitativas de precipitação (QPE), a radiação de onda longa (OLR), os perfis verticais de temperatura (VTPR) e a SST.

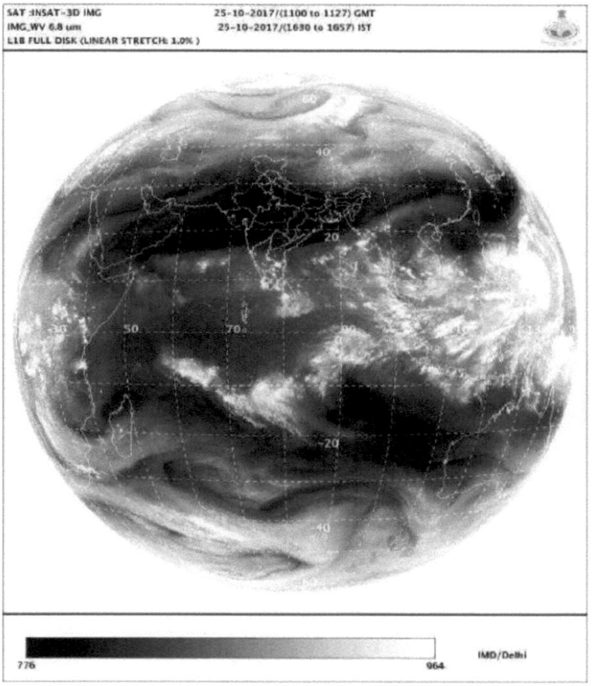

Fig. 24: Imagem de vapor de água do INSAT.

Os dados dos satélites GPS são utilizados para derivar as condições atmosféricas, com base no princípio de que o tempo de atraso na chegada dos sinais dos satélites GPS está diretamente ligado ao teor de humidade e ao perfil de temperatura da atmosfera. É formulado um novo índice de estabilidade baseado na refratividade atmosférica ao nível de ~500hPa e nas medições superficiais de temperatura, pressão e humidade. O novo índice, aqui designado por Refractivity based Lifted Index (RLI), foi concebido para dar resultados semelhantes aos do índice tradicionalmente utilizado, derivado dos perfis de temperatura, pressão e humidade das radiossondas.

Discute-se a formulação do índice de estabilidade e a sua comparação com o tradicional índice de elevação (LI) baseado no perfil de temperatura. O índice é testado em perfis de refratividade derivados da ocultação de rádio COSMIC sobre a região indiana. O potencial de previsão do novo índice para a precipitação à escala espacial de 2°x2° de latitude e longitude, com um período de antecipação de 3-24 horas, indica que o índice de refratividade funciona melhor do que o tradicional índice de temperatura para a região da monção indiana. Os valores decrescentes do RLI tendem a aumentar as probabilidades de precipitação

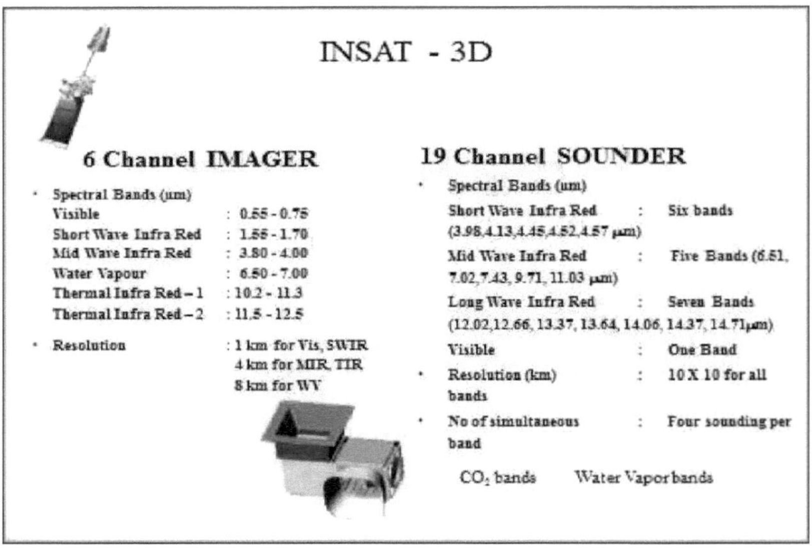

Fig. 25: Sensores avançados INSAT 3D

CAPÍTULO 15

15. Conclusões

O tempo e o clima desempenham um papel fundamental na atividade humana. As tendências recentes das alterações climáticas estão a ter impactos a curto e a longo prazo e precisam de ser estudadas utilizando séries de dados normalizados de alta qualidade a curto e a longo prazo para uma avaliação e compreensão científicas claras. O novo instrumento de observação e monitorização de parâmetros críticos por satélite está a fornecer informações valiosas sobre os processos relacionados com as alterações climáticas. Os sensores avançados da plataforma de satélite também ajudam a monitorizar continuamente as alterações climáticas e a desenvolver estratégias de atenuação adequadas.

Agradecimentos

Os agradecimentos são devidos a muitos colegas da Organização de Investigação Espacial Indiana (ISRO) por terem dado contributos valiosos para a preparação do capítulo. Os dados e a literatura disponíveis no portal Web da ISRO e noutros portais espaciais, especialmente da NASA, são altamente reconhecidos.

Referências

1. Alexander GR, Keshavamurty N, De US, Chellappa R, Das SK, Pillai PV. 1978. Flutuações da atividade das monções. Indian J. Meteor. Geophys. 29:76-87

2. Anderson DLT, Sarachik ES, Webster PJ, Rothstein LM, eds. 1998. Uma edição especial sobre a década TOGA. J. Geophys. Res. 103 (No. C7):14169-240

3. Annamalai H, Slingo JM. 2001. Ciclos activos/quebrados: diagnóstico da variabilidade intrassazonal da monção de verão asiática. Clim. Dyn. 18:85-102

4. Anthes RA. 1977. Um esquema de parametrização de cumulus utilizando um modelo de nuvens unidimensional. Mon. Weather Rev. 105:270-86

5. Bhat GS, Srinivasan J, Sulochana G. 1996. Tropical deep convection, convective available potential energy and sea surface temperature. J. Meteorol. Soc. Jpn. 74(No. 2): 155-66

6. Bjerknes J. 1969. Teleconexões atmosféricas do Pacífico equatorial. Mon. Weather Rev. 97:163-72 Blanford HF. 1886. Rainfall of India. Mem. India Meteorol. Dep. 2:217-448

7. Gadgil S. 1988. Recent advances in monsoon research with particular reference to the Indian monsoon. Aust. Meteorol. Mag. 36:193- 204

8. Gadgil S. 2000. Monsoon-ocean coupling. Curr. Sci. 78:309-23 Gadgil S, Abrol YP, Rao PRS. 1999. On growth and fluctuation of Indian foodgrain production. Curr. Sci. 76(No. 4):548-56

9. Gadgil S, Guruprasad A, Srinivasan J. 1992. Systematic bias in the NOAA outgoing longwave radiation dataset? J. Clim. 5:867-75

10. Gadgil S, Srinivasan J. 1990. Variação de baixa frequência das zonas de convergência tropical. Meteorol. Atmos. Phys. 44:119-32

11. Gadgil S, Surendran S. 1998. Monsoon precipitation in the AMIP runs. Clim. Dyn. 14: 659-89

12. Gadgil S, Srinivasan J, Nanjundiah RS, Kumar KK, Munot AA. Rupakumar AA. 2002. On forecasting the Indian summer monsoon: the intriguing season of 2002. Curr. Sci. 83(No. 4):394-403

13. Madden RA, Julian PR. 1972. Descrição de células de circulação à escala global nos trópicos com um período de 40-50 dias. J. Atmos. Sci. 29:1109-23

14. Carlin, Alan, "A Multi-disciplinary, Science-Based Approach to the Economics of Climate Change," International Journal of Environmental Research and Public Health, Vol. 8, No. 4, April 2011, pp. 985-1031.

15. Chen, Liqi, "The Role of the Arctic and Antarctic and their Impact on Global Climate Change: Further Findings Since the Release of IPCC AR4, 2007," Advances in Polar Science, (2013) Vol. 24, No. 2, pp. 79-85.

16. Chunhan, Jin, Liu, Jian, e Wang Zhiyuan, "Study on the characteristics and causes of inter-decadal temperature changes in China during the MWP," Quaternary Sciences, Volume 36, Número 4, abril de 2016, pp. 970-982. http:// html. rhhz.net/ DSJYJ /20160418.htm

17. Christidis, N., P.A. Stott, e S. Brown, 2011: The role of human activity in the recent warming of extremely warm daytime temperatures,. *Journal Climate* doi:10.1175/2011JCLI4150.1 http://j ournals. ametsoc.org/doi/abs/10.1175/2011JCLI4150.1

18. Knutson, T., J. McBride, J. Chan, K. Emanuel, G. Holland, C. Landsea, I. Held, J. Kossin, A. Srivastava e M. Sugi, 2010: Tropical cyclones and climate change. *Nature Geosci* 2010 http://dx.doi.org /10.1038/ ngeo779

19. Trenberth, K. E., 2011: Changes in precipitation with climate change. *Climate Research*. doi:10.3354/cr00953.

20. IPCC AR4 WG1 *(2007). Solomon, S.; Qin, D.; Manning, M.; Chen, Z.; Marquis, M.; Averyt, K.B.; Tignor, M.; Miller, H.L., eds.* Climate Change 2007: The Physical Science Basis. *Contribuição do Grupo de Trabalho I para o* Quarto Relatório de Avaliação *do Painel Intergovernamental sobre Alterações Climáticas. Cambridge University Press.* ISBN 978-0-521-88009-1. (pb: 978-0-521-70596-7).

21. IPCC AR4 SYR *(2007). Equipa Central de Redação; Pachauri, R.K; Reisinger, A., eds.* Climate Change 2007: Relatório de Síntese. *Contribuição dos Grupos de Trabalho I, II e III para o* Quarto Relatório de Avaliação *do Painel Intergovernamental sobre as Alterações Climáticas. IPCC.* ISBN 92-9169-122-4.

22. H.D.I. Abarbanel, R. Brown, J.J. Sidorowich, *et al.* A análise de dados caóticos observados em sistemas físicos Rev. Mod. Phys., 4 (65) (1993), p. 1331

23. Hansen, J. & Lebedeff, S. Global trends of measured surface air temperature. J. Geophys. Res. 92, 345-313 (1987).

24. Pielke, R. A. et al. Unresolved issues with the assessment of multidecadal global land surface temperature trends. J. Geophys. Res. 112, D24S08 (2007).

25. Reynolds, R. W., Rayner, N. A., Smith, T. M., Stokes, D. C. & Wang, W. An improved in situand satellite SST analysis for climate. J. Clim. 15, 1609-1625 (2002).

26. Large, W. G. & Yeager, S. G. On the observed trends and changes in global sea surface temperature and air-sea heat fluxes (1984-2006). J. Clim. 25, 6123-6135 (2012).

27. Zhang, H. et al. An integrated global observing system for sea surface temperature using satellites and in situ data: Da investigação às operações. Bull. Am. Meteorol. Soc. 90, 31-38(2009).

28. Deser, C., Phillips, A. S. & Alexander, M. A. Twentieth century tropical sea surface temperature trends revisited. Geophys. Res. Lett 37, L10701 (2010).

29. Karnauskas, K. B., Seager, R., Kaplan, A., Kushnir, Y. & Cane, M. A. Observed strengthening of the zonal sea surface temperature gradient across the Equatorial Pacific Ocean. J. Clim. 22, 4316-4321 (2010).
30. Schwaller, M. R. & Robert Morris, K. A ground validation network for the global precipitation measurement mission. J. Atmos. Ocean. Tech. 28, 301-319 (2011).
31. Manabe, S. & Wetherald, R. T. Thermal equilibrium of the atmosphere with a given distribution of relative humidity. J. Atmos. Sci. 24, 241-259 (1967).
32. Spencer, R. W. & Christy, J. R. Precise monitoring of global temperature trends from satellites. Science 247, 1558-1562 (1990).
33. Thorne, P. W., Lanzante, J. R., Peterson, T. C., Seidel, D. J. & Shine, K. P. Tropospheric temperature trends: History of an ongoing controversy. WIREs Clim. Change 2, 66-88(2011).
34. Mears, C. A. & Wentz, F. J. Construction of the remote sensing systems V3. 2 registos de temperatura atmosférica das sondas de micro-ondas MSU e AMSU. J. Atmos. Ocean. Tech. 26, 1040-1056 (2009).
35. Xu, J. & Powell, A. Jr. Incerteza das tendências da temperatura estratosférica/troposférica em 1979-2008: Multiple Satellite MSU, radiosonde, and reanalysis datasets. Atmos. Chem. Phys. Discuss. 11, 10727-10732 (2011).
36. Christy, J. R., Spencer, R. W. & Norris, W. B. The role of remote sensing in monitoring global bulk tropospheric temperatures. Int. J. Remote Sens. 32, 671-685 (2011).
37. Fu, Q., Manabe, S. & Johanson, C. M. On the warming in the tropical upper troposphere: Models versus observations. Geophys. Res. Lett. 38, L15704 (2011).
38. Frei, A. A new generation of satellite snow observations for large scale earth system studies (Uma nova geração de observações de neve por satélite para estudos do sistema terrestre em grande escala). Geog. Compass 3, 879-902 (2009).
39. Brown, R. D. & Robinson, D. A. Northern Hemisphere spring snow cover variability and change over 1922-2010 including an assessment of uncertainty. Cryosphere. 5, 219-229(2011).
40. Bulygina, O., Groisman, P. Y., Razuvaev, V. & Korshunova, N. Changes in snow cover characteristics over Northern Eurasia since 1966. Environ. Res. Lett. 6, 045204 (2011).
41. Parkinson, C. & Cavalieri, D. Antarctic sea ice variability and trends. Cryosphere Discuss.6, 931-956 (2012).
42. Liu, J. & Curry, J. A. Accelerated warming of the Southern Ocean and its impacts on the hydrological cycle and sea ice. Proc. Natl Acad. Sci. USA 107, 14987 (2010).
43. Cavalieri, D. & Parkinson, C. Arctic sea ice variability and trends, 1979-2010

Cryosphere.6, 881-889 (2012).
44. Kattsov, V. M. et al. Arctic sea ice change: A grand challenge of climate science. J. Glaciol.56, 1115-1121 (2011).
45. Maslanik, J., Stroeve, J., Fowler, C. & Emery, W. Distribution and trends in Arctic sea ice age through spring 2011. Geophys. Res. Lett. 38, L13502 (2011).
46. Horwath, M., Legresy, B., Remy, F., Blarel, F. & Lemoine, J.-M. Consistent patterns of Antarctic ice sheet interannual variations from ENVISAT radar altimetry and GRACE satellite gravimetry. Geophys. J. Int. 189, 863-876 (2012).
47. Shepherd, A. et al. A reconciled estimate of ice-sheet mass balance. Science 338, 1183-1189 (2012).
48. Rignot, E. et al. Accelerated ice discharge from the Antarctic Peninsula following the collapse of Larsen B ice shelf. Geophys. Res. Lett. 31, L18401 (2004).
49. Joughin, I., Alley, R. B. & Holland, D. M. Ice-sheet response to oceanic forcing. Science338, 1172-1176 (2012).
50. Scherler, D., Bookhagen, B. & Strecker, M. R. Spatially variable response of Himalayan glaciers to climate change affected by debris cover. Nature Geosci. 4, 156159 (2011).
51. Jacob, T., Wahr, J., Pfeffer, W. T. & Swenson, S. Recent contributions of glaciers and ice caps to sea level rise. Nature 482, 514-518 (2012).
52. Gardelle, J., Berthier, E. & Arnaud, Y. Slight mass gain of Karakoram glaciers in the early twenty-first century. Nature Geosci. 5, 322-325 (2012).
53. Yao, T. et al. Different glacier status with atmospheric circulations in Tibetan Plateau and surroundings. Nature Clim. Change 2, 663-667 (2012).
54. Cazenave, A. & Remy, F. Sea level and climate: Measurements and causes of changes. WIREs Clim. Change 2, 647-662 (2011).
55. Church, J. A. & White, N. J. Sea-level rise from the late 19th to the early 21st century. Surv. Geophys. 32, 585-602 (2011).
56. Leuliette, E. W. & Willis, J. K. Balancing the sea level budget. Oceanography 24, 122-129(2011).
57. Fu, L. L., Chelton, D. B., Le Traon, P. Y. & Morrow, R. Eddy dynamics from satellite altimetry. Oceanography 23, 14-25 (2010).
58. Willis, J. K., Chambers, D. P., Kuo, C. Y. & Shum, C. K. Global sea level rise: Recent progress and challenges for the decade to come. Oceanography 23, 26-35 (2010).
59. Prandi, P., Ablain, M., Cazenave, A. & Picot, N. A new estimation of mean sea level in the Arctic ocean from satellite altimetry. Mar. Geod. 35, 61-81 (2012).
60. Hansen, J. et al. Simulações climáticas para 1880-2003 com o modelo GISSE. Clim.

Dynam. 29, 661-696 (2007).
61. Scafetta, N. & West, B. J. Phenomenological solar contribution to the 19002000 global surface warming. Geophys. Res. Lett. 33, L05708 (2006).
62. Benestad, R. & Schmidt, G. Solar trends and global warming. J. Geophys. Res. 114, D14101 (2009).
63. Harder, J. W., Fontenla, J. M., Pilewskie, P., Richard, E. C. & Woods, T. N. Trends in solar spectral irradiance variability in the visible and infrared. Geophys. Res. Lett. 36, L07801(2009).
64. Haigh, J. D., Winning, A. R., Toumi, R. & Harder, J. W. An influence of solar spectral variations on radiative forcing of climate. Nature 467, 696-699 (2010).
65. Ineson, S. et al. Solar forcing of winter climate variability in the Northern Hemisphere. Nature Geosci. 4, 753-757 (2011).
66. Lean, J. L. & DeLand, M. T. How does the Sun's spectrum wary? J. Clim. 25, 2555-2560(2012).
67. Matthes, K. Atmospheric science: Ciclo solar e previsões climáticas. Nature Geosci. 4, 735-736 (2011).
68. X.-P. Du, H.-D. Guo, X.-T. Fan, *et al.* Avaliação da exatidão vertical de sistemas de
modelos digitais de elevação disponíveis sobre planícies costeiras de baixa altitude Int. J. Digital Earth (2015), 10.1080/17538947.2015.1026853
69. FAO (Organização das Nações Unidas para a Alimentação e a Agricultura) Global Forest Resources Assessment 2010: Relatório principal. Documento florestal da FAO 163(2011)
70. J. Feng, J. Wang, Z. YanImpact of anthropogenic heat release on regional climate in three vast urban agglomerations in China Adv. Atmos. Sci., 2 (31) (2014), pp. 363-373
71. L. Guan, L.-Y. Liu, D.-L. Peng, *et al.* Monitorização da distribuição de gramíneas C3 e C4 numa pradaria temperada no norte da China utilizando trajectórias de índice de vegetação de diferença normalizada de espectrorradiómetro de imagem de resolução moderada

J. Appl. Remote Sens., 6 (1) (2012), p. 063535, 10.1117/1.JRS.6.063535

72. H. Guo, L. Wang, F. Chen, *et al.* Grandes volumes de dados científicos e a Terra digital

Chin. Sci. Bull, 59 (35) (2014), pp. 5066-5073

73. H. Guo, W. Fu, X. Li, *et al.* Investigação sobre satélites científicos de alterações globais, Sci. China Earth Sci., 2 (57) (2014), pp. 204-215

74. Y. He, G. Jia Um método dinâmico para quantificar o aquecimento natural em áreas urbanas, Atmos. Ocean. Sci. Lett., 5 (5) (2012), pp. 408-413
75. Y. He, G. Jia, Y. Hu, *et al.* Detecting urban warming signals in climate records, Adv. Atmos. Sci., 4 (30) (2013), pp. 1143-1153
76. PIAC, Alterações Climáticas 2007: Relatório de síntese. Genebra, Suíça, (2007) C. Brown, L. Connor, J. Lillibridge, *et al.* An introduction to satellite sensors, observations and techniques Remote Sens. Digital Image Process, 7 (2005), pp. 21-50

77. CEOS (Comité dos Satélites de Observação da Terra) Satellite Observation of the Climate System: the Committee on Earth Observation Satellites (CEOS) Response to the Global Climate Observing System (GCOS) Implementation Plan (IP) 2006, setembro (2006)
78. CEOS (Comité dos Satélites de Observação da Terra) Satellite Observation of the Climate System: CEOS Response to the Global Climate Observing System (GCOS) Implementation Plan (IP) 2006, setembro (2007)
79. Jun Yang, Peng Gong, Rong Fu, Minghua Zhang, Jingming Chen, Shunlin Liang, Bing Xu, Jiancheng Shi & Robert Dickinson, The role of satellite remote sensing in climate change studies, *Nature Climate Change, 3*, 875-883(2013) doi: 10.103 8/nclimate 1908
80. X.-P. Du, H.-D. Guo, X.-T. Fan, *et al.* Avaliação da exatidão vertical de sistemas de
modelos digitais de elevação disponíveis sobre planícies costeiras de baixa altitude Int. J. Digital Earth (2015), 10.1080/17538947.2015.1026853
81. FAO (Organização das Nações Unidas para a Alimentação e a Agricultura) Global Forest Resources Assessment 2010: Relatório principal. Documento florestal da FAO 163(2011)
82. J. Feng, J. Wang, Z. YanImpact of anthropogenic heat release on regional climate in three vast urban agglomerations in China Adv. Atmos. Sci., 2 (31) (2014), pp. 363-373
83. L. Guan, L.-Y. Liu, D.-L. Peng, *et al.* Monitorização da distribuição de gramíneas C3 e C4 numa pradaria temperada no norte da China, utilizando trajectórias de índice de vegetação de diferença normalizada do espectrorradiómetro de imagem de resolução moderada
84. Deveerappa Jagadheesha, Kamsali Nagaraja e Balakrishnan Manikiam, 2014, 'Técnica melhorada para a recuperação de temperatura e humidade a partir de perfis de refratividade atmosférica neutra', Mapana J. Sci., 13 (1), 75-83 ISSN 0975-3303|doi:10.12723/ mjs.28.5
85. Joshi. P.C., Narayanan. M.S. e Manikiam. B, 2003, "Evolution of Indian satellite meteorological programme", Mausam, 54 (1), pp. 1-12.

86. Manikiam. B e Sridharan. R, 1983, "A statistical study of Bay of Bengal disturbances (196180) using satellite imagery", Mausam, 34, pp 219-222.
87. Manikiam. B, 2014, "Aplicações de dados do IRS e INSAT com estudos de casos específicos", Mapana J Sci, 13, 1 ISSN 0975-3303 98. J
88. H. Guo, L. Wang, F. Chen, *et al.*Scientific big data e digital Earth Chin. Sci. Bull, 59 (35) (2014), pp. 5066-5073
89. H. Guo, W. Fu, X. Li, *et al.* Investigação sobre satélites científicos de alterações globais, Sci. China Earth Sci., 2 (57) (2014), pp. 204-215
90. Y. He, G. Jia Um método dinâmico para quantificar o aquecimento natural em áreas urbanas, Atmos. Ocean. Sci. Lett., 5 (5) (2012), pp. 408-413
91. Y. He, G. Jia, Y. Hu, *et al.* Detecting urban warming signals in climate records, Adv. Atmos. Sci., 4 (30) (2013), pp. 1143-1153
92. PIAC, Alterações Climáticas 2007: Relatório de síntese. Genebra, Suíça, (2007)
93. Y. Li, J. Liao, H. Guo, *et al.* Padrões e potenciais factores de mudanças dramáticas nos lagos tibetanos, 1972-2010, PLoS One, 11 (9) (2014), p. e111890
94. J. Liao, G. Shen, Y. Li Variações dos lagos em resposta às alterações climáticas no Planalto Tibetano nos últimos 40 anos Int. J. Digit. Earth, 6 (6) (2013), pp. 534-549
95. L. Liu, L. Liu, L. Liang, *et al.* Efeitos da elevação na sensibilidade fenológica da primavera à temperatura nas pradarias do Planalto Tibetano Chin. Sci. Bull, 34 (59) (2014), pp. 4856-4863
96. NRC (Conselho Nacional de Investigação) Earth Observations from Space: the First 50 Years of Scientific Achievements The National Academies Press, Washington, D.C (2008)
97. D. Peng, B. Zhang, L. Liu, *et al.* Análise de padrões dinâmicos sazonais no FPAR global derivado do AVHRR GIMMS NDVI Int. J. Digit. Earth, 5 (5) (2012), pp. 439455
98. L.M. Rocha Modelagem de sistemas complexos: utilizando metáforas da natureza em simulações e modelos científicos BITS: Notícias de Computação e Comunicações. Divisão de Computação, Informação e Comunicações, Laboratório Nacional de Los Alamos (1999)
99. W.-J. Tang, K. Yang, J. Qin, *et al.* Tendência da radiação solar na China nos últimos
décadas: uma revisão com dados de qualidade controlada Atmos. Chem. Phys., 1 (11) (2011), pp. 393-406
100. C. Wang, E.R. Hunt, L. Zhang, *et al.* Classificação assistida por fenologia de gramíneas C3 e C4 nas Grandes Planícies dos EUA e sua dependência climática com séries temporais MODIS Remote Sens. Environ., 138 (2013), pp. 90-101
101. C. Wang, H. Guo, L. Zhang, *et al.* Avaliação da mudança fenológica e do

controlo climático dos prados alpinos no Planalto Tibetano com séries temporais MODIS Int. J. Biometeorol, 1 (59) (2015), pp. 11-23
102. J. Wang, J. Feng, Z. Yan, *et al.* Modelação aninhada de alta resolução do impacto da urbanização no clima regional em três grandes aglomerações urbanas na China
103. J. Geophys. Res., 117 (2012), p. D21103
104. X. Xia Alterações espácio-temporais na duração da luz solar e na quantidade de nuvens, bem como a sua relação na China durante 1954-2005J. Geophys. Res., 115 (2010), p. D00K06, 10.1029/2009JD012879
105. X. XiaDiminuição significativa da cobertura de nuvens durante 1954-2005 devido a mais dias de céu limpo e menos dias nublados na China e sua relação com o aerossol Ann. Geophys, 3 (30) (2012), pp. 573-582
106. T. Yao, Y. Wang, S. Liu, *et al.* Recuo glacial recente na Alta Ásia na China e seu impacto nos recursos hídricos no Noroeste da China Sci. China Earth Sci., 12 (47) (2003), pp. 1065-1075
107. T. Yao, L. Thompson, W. Yang, *et al.* Different glacier status with atmospheric circulations in Tibetan Plateau and surroundings, Nat. Clim. Change, 9 (2) (2012), pp. 663-667
108. B. Zhang, Y. Wu, L. Zhu, *et al.*Estimativa e deteção de tendências do armazenamento de água no Lago Nam Co, Planalto Tibetano CentralJ. Hydrol., 1-2 (405) (2011), pp. 161-170
109. L. Zhang, H. Guo, L. Ji, *et al.*Vegetation greenness trend (2000 a 2009) and the climate controls in the Qinghai-Tibetan PlateauJ. Appl. Remote Sens., 1 (7) (2013), p. 73572
110. Pverpeck, J. T., Meehl, G. A., Bony, S. & Easterling, D. R. Climate data challenges in the 21st century. *Science* 331, 700 (2011).
111. Yates, H. W. Measurement of the Earth radiation balance as an instrument design problem. *Appl. Opt.* 16, 297-299 (1977).
112. Li, J., Wang, M. H. & Ho, Y. S. Trends in research on global climate change: A Science Citation Index Expanded-based analysis. *Glob. Planet. Change* 77, 13-20 (2011).
113. Bontemps, S. *et al.* Revisiting land cover observations to address the needs of the climate modelling community. *Biogeosci. Discuss.* 8, 7713-7740 (2011).
114. Gong, P. *et al.* Observação de resolução mais fina e monitorização da cobertura global do solo: primeiros resultados de cartografia com dados Landsat TM e ETM+. *Int. J. Remote Sens.* 34, 26072654(2013).
115. Ghent, D., Kaduk, J., Remedios, J. & Balzter, H. Data assimilation into land surface models: The implications for climate feedbacks. *Int. J. Remote Sens.* 32, 617632 (2011).

116. Saha, S. *et al.* The NCEP climate forecast system reanalysis. *Bull. Am. Meteorol. Soc.* 91, 1015-1057 (2010).
117. Global Climate Observing System *Systematic Observation Requirements for Satellite-based Data Products for Climate: 2011 Update* GCOS-154 (Organização Meteorológica Mundial, 2011).
118. Joyce, K. E., Belliss, S. E., Samsonov, S. V., McNeill, S. J. & Glassey, P. J. A review of the status of satellite remote sensing and image processing techniques for mapping natural hazards and disasters. *Prog. Phys. Geog.* 33, 183-207 (2009).
119. Trenberth, K. & Hurrell, J. How accurate are satellite thermometers-Reply. *Nature* 389, 342-343 (1997).
120. Karl, T. R. *et al.* Observation needs for climate information, prediction and application: Capabilities of existing and future observing systems. *Procedia Environ. Sci.* 1, 192-205(2010).
121. Thies, B. & Bendix, J. Satellite based remote sensing of weather and climate: Recent achievements and future perspectives. *Meteorol. Appl.* 18, 262-295 (2011).
122. Pachauri, R. K. & Reisinger, A. (eds) *IPCC Climate Change 2007: Synthesis Report* (IPCC, 2007).
123. Quaas, J., Boucher, O., Bellouin, N. & Kinne, S. Satellite-based estimate of the direct and indirect aerosol climate forcing. *J. Geophys. Res* 113, D05204 (2008).
124. Zhao, T. X. P., Loeb, N. G., Laszlo, I. & Zhou, M. Global component aerosol direct radiative effect at the top of atmosphere. *Int. J. Remote Sens.* 32, 633-655 (2011).
125. Cermak, J., Wild, M., Knutti, R., Mishchenko, M. I. & Heidinger, A. K. Consistency of global satellite-derived aerosol and cloud data sets with recent brightening observations. *Geophys. Res. Lett.* 37, L21704 (2010).
126. De Meij, A., Pozzer, A. & Lelieveld, J. Trend analysis in aerosol optical depths and pollutant emission estimates between 2000 and 2009. *Atmos. Environ.* 51, 75-85 (2012).
127. Solomon, S. *et al.* The persistently variable "Background" stratospheric aerosol layer and global climate change. *Science* 333, 866-870 (2011).
128. Vernier, J. P. *et al.* Major influence of tropical volcanic eruptions on the stratospheric aerosol layer during the last decade. *Geophys. Res. Lett.* 38, L12807 (2011).
129. Penner, J. E., Xu, L. & Wang, M. Satellite methods underestimate indirect climate forcing by aerosols. *Proc. Natl Acad. Sci. USA* 108, 13404-13408 (2011).
130. Quaas, J., Boucher, O., Bellouin, N. & Kinne, S. Which of satellite- or modelbased estimates is closer to reality for aerosol indirect forcing? *Proc. Natl Acad. Sci. USA* 108, E1099-E1099 (2011).
131. Choi, Y. S., Lindzen, R. S., Ho, C. H. & Kim, J. Space observations of coldcloud

phase change. *Proc. Natl Acad. Sci. USA* 107, 11211-11216 (2010).
132. Jiang, J. H. *et al.* Clean and polluted clouds: Relações entre poluição, nuvens de gelo e precipitação na América do Sul. *Geophys. Res. Lett.* 35, L14804 (2008).
133. Allan, R. P. Combining satellite data and models to estimate cloud radiative effect at the surface and in the atmosphere. *Meteorol. Appl.* 18, 324-333 (2011).
134. Dessler, A. E. A determination of the cloud feedback from climate variations over the past decade. *Science* 330, 1523-1527 (2010).
135. Davies, R. & Molloy, M. Global cloud height fluctuations measured by MISR on Terra from 2000 to 2010. *Geophys. Res. Lett.* 39, L03701 (2012).
136. Taylor, P. C. O papel das nuvens: An introduction and rapporteur report. *Surv. Geophys.* 33, 609-617 (2012).
137. Schmidt, G. A., Ruedy, R. A., Miller, R. L. & Lacis, A. A. Attribution of the present-day total greenhouse effect. *J. Geophys. Res.* 115, D20106 (2010).
138. Dessler, A. E. & Davis, S. M. Trends in tropospheric humidity from reanalysis systems. *J. Geophys. Res.* 115 (2010).
139. Trenberth, K. E., Fasullo, J. & Smith, L. Trends and variability in column-integrated atmospheric water vapor. *Clim. Dynam.* 24, 741-758 (2005).
140. Gu, G. & Adler, R. F. Large-scale, inter-annual relations among surface temperature, water vapour and precipitation with and without ENSO and volcano forcings. *Int. J. Climatol.* 32, 1782-1791 (2012).
141. Shi, L. & Bates, J. J. Three decades of intersatellite-calibrated high-resolution infrared radiation sounder upper tropospheric water vapor. *J. Geophys. Res. D Atmos.* 116 (2011).
142. Jin, X., Li, J., Schmit, T. J. & Goldberg, M. D. Evaluation of radiative transfer models in atmospheric profiling with broadband infrared radiance measurements. *Int. J. Remote Sens.* 32, 863-874 (2011).
143. Solomon, S. *et al.* Contributions of stratospheric water vapor to decadal changes in the rate of global warming. *Science* 327, 1219 (2010).
144. Randel, W. J. Variability and trends in stratospheric temperature and water vapor. *Geophys. Monog. Series* 190, 123-135 (2010).
145. Fueglistaler, S. Stepwise changes in stratospheric water vapor? *J. Geophys. Res. D Atmos.* 117, D13302 (2012).
146. Wentz, F. J., Ricciardulli, L., Hilburn, K. & Mears, C. How much more rain will global warming bring? *Science* 317, 233-235 (2007).
147. Liepert, B. G. & Previdi, M. Do models and observations disagree on the rainfall response to global warming? *J. Clim.* 22, 3156-3166 (2009).
148. Liu, C. & Allan, R. P. Multi satellite observed responses of precipitation and its extremes to interannual climate variability. *J. Geophys. Res.* 117, D03101 (2012).

149. Gruber, A. & Levizzani, V. *Assessment of Global Precipitation Products WCRP-128* 50 (Programa Mundial de Investigação Climática, 2008).
150. Gebregiorgis, A. S. & Hossain, F. Understanding the dependence of satellite rainfall uncertainty on topography and climate for hydrologic model simulation (Compreender a dependência da incerteza da precipitação por satélite em relação à topografia e ao clima para a simulação de modelos hidrológicos). *IEEE Trans. Geosci. Remote Sens.* 51, 704-718 (2013).
151. Wang, B., Liu, J., Kim, H. J., Webster, P. J. & Yim, S. Y. Recent change of the global monsoon precipitation (1979-2008). *Clim. Dynam.* 39, 1123-1135 (2012).
152. Trenberth, K. E., Moore, B., Karl, T. R. & Nobre, C. Monitoring and prediction of the earth's climate: A future perspective. *J. Clim.* 19, 5001-5008 (2006).
153. Henson, S. A. *et al.* Detection of anthropogenic climate change in satellite records of ocean chlorophyll and productivity. *Biogeosciences* 7, 621-640 (2010).
154. Douglas, B. C. Global sea rise: A redetermination. *Surv. Geophys.* 18, 279292 (1997).
155. Kahn, B. H. *et al.* Escalonamento da variância da temperatura e do vapor de água em modelos globais: Comparações com dados de satélite e de aeronaves. *J. Atmos. Sci.* 68, 2156-2168 (2011). 156. Datla, R., Kessel, R., Smith, A., Kacker, R. & Pollock, D. Artigo de revisão: Uncertainty analysis of remote sensing optical sensor data: Guiding principles to achieve metrological consistency. *Int. J. Remote Sens.* 31, 867-880 (2010).
157. Mears, C. A. & Wentz, F. J. The effect of diurnal correction on satellite- derived lower tropospheric temperature. *Science* 309, 1548 (2005).
158. Mei, L. *et al.* Validação e análise da recuperação da espessura ótica de aerossóis em terra. *Int. J. Remote Sens.* 33, 781-803 (2012).
159. Screen, J. Sudden increase in Antarctic sea ice: Factos ou artefactos? *Geophys. Res. Lett.* 38, L13702 (2011).
160. Ohring, G., Wielicki, B., Spencer, R., Emery, B. & Datla, R. Satellite instrument calibration for measuring global climate change: Report of a workshop. *Bull. Am. Meteorol. Soc.* 86, 1303-1313 (2005).
161. Li, Z. *et al.* Uncertainties in satellite remote sensing of aerosols and impact on monitoring its long-term trend: A review and perspective. *Ann. Geophys* 27, 27552770 (2009).
162. Crow, W. T. *et al.* Upscaling sparse ground-based soil moisture observations for the validation of coarse-resolution satellite soil moisture products. *Rev. Geophys.* 50, 1-20(2012).
163. Liu, Y., Liu, R. & C Hen, J. M. Retrospective retrieval of long-term consistent global leaf area index (1981-2010) maps from combined AVHRR and MODIS data, *J. Geophys. Res.* 117, G04003 (2012).

More Books!

yes

I want morebooks!

Buy your books fast and straightforward online - at one of world's fastest growing online book stores! Environmentally sound due to Print-on-Demand technologies.

Buy your books online at
www.morebooks.shop

Compre os seus livros mais rápido e diretamente na internet, em uma das livrarias on-line com o maior crescimento no mundo! Produção que protege o meio ambiente através das tecnologias de impressão sob demanda.

Compre os seus livros on-line em
www.morebooks.shop

info@omniscriptum.com
www.omniscriptum.com

OMNIScriptum

MIX
Papier aus verantwortungsvollen Quellen
Paper from responsible sources
FSC® C105338

Printed by Books on Demand GmbH, Norderstedt / Germany